AF523038

BEINWELL

Regine Ebert

BEINWELL

KNOCHENHEILER AUS DER PFLANZENWELT

Anwendung in Heilkunde, Küche, Kosmetik und Garten

at VERLAG

Hinweis
Die in diesem Buch aufgeführten Behandlungsmethoden können und sollen weder eine ärztliche Konsultation noch die individuelle Beratung durch ausgebildete Therapeutinnen und Therapeuten ersetzen. Die Einnahme der beschriebenen Heilmittel und Rezepturen sowie das Befolgen der Therapieempfehlungen geschieht auf eigene Verantwortung. Bei Unklarheiten ist das Vorgehen unbedingt mit der behandelnden Ärztin oder dem Therapeuten zu besprechen. Sämtliche Informationen in diesem Buch sind nach bestem Wissen und Gewissen wiedergegeben; dennoch übernehmen weder Autorin noch Verlag die Haftung für Schäden jedweder Art, die sich direkt oder indirekt aus dem Gebrauch der hier vorgestellten Anwendungen ergeben könnten.

AT Verlag AG, Aarau und München
Lektorat: Stefanie Teichert
Layout: Giorgio Chiappa
Bildbearbeitung: Vogt-Schild Druck, Derendingen
Druck und Bindearbeiten: Firmengruppe APPL, Wemding
Printed in Germany

ISBN 978-3-03902-140-6

www.at-verlag.ch

Der AT Verlag wird vom Bundesamt für Kultur für die Jahre 2021–2024 unterstützt.

Inhalt

Vorwort

Zugegeben, es war nicht unbedingt Liebe auf den ersten Blick. Als ich ihn kennenlernte, kam mir der Beinwell viel zu rau und sperrig vor. Beeindruckend war jedoch das Geräusch, das die Wurzel macht, wenn man sie ausgräbt: »Knacks« – wie ein brechender Knochen. Als ich dann noch erfuhr, dass er einen gebrochenen Knochen wieder heilen kann, hatte er mein Herz gewonnen.

Heute weiß ich aus eigener Erfahrung, dass Beinwell schnell und zuverlässig bei fast allen Beschwerden des Bewegungsapparates helfen kann. Er ist immer da, wenn er gebraucht wird, denn er wächst üppig und nimmt auch häufiges Ernten nicht übel. Und er ist ein nährstoffreicher Dünger für den Garten, der Gemüsepflanzen kräftig und widerstandsfähig macht.

Doch gleich ein ganzes Buch über Beinwell? Die Idee dazu entstand durch ein Projekt meiner ersten Kräuterlehrerin Doris Grappendorf. Sie hat eine Ausbildungsreihe ins Leben gerufen, bei der man sich jedes Jahr intensiv mit einer Pflanze beschäftigt. Neun Pflanzen sind es insgesamt. Seit einigen Jahren unterrichte ich nach diesem Konzept, und es ist immer wieder faszinierend zu sehen, welch tiefe Verbindung zu einer Pflanze auf diesem Weg entstehen kann.

Wir sammeln altes und neues Wissen über die jeweilige Pflanze, erleben sie vom Frühjahr bis zum Herbst. Wir sehen den Boden, auf dem sie wächst, den Standort, an dem sie sich wohlfühlt, schauen uns die Pflanzengemeinschaft und die Tiere an, die sie besuchen. Wir erfahren, wie sich Geschmack, Geruch und Aussehen im Jahreslauf verändern. Jede Jahreszeit hat ihre eigene Qualität, und die Heilmittel, die wir herstellen, spiegeln genau das wider.

Es ist ein Weg, der wieder zu einem ganzheitlichen Verständnis einer Heilpflanze führen kann und der uns zeigt, dass wir selbst Teil dieses Prozesses sind. Gerade beim Beinwell ist es wichtig, ihn wirklich gut zu kennen, nicht nur aus

Büchern, sondern durch eigene Anschauung und Erfahrung, um ihn im richtigen Maß nutzen zu können. Er ist und bleibt eine wertvolle und starke Heilpflanze, auf die wir nicht verzichten können.

Als ich mit den Recherchen für dieses Buch begann, habe ich eine Arbeitsgruppe gegründet, die mit mir genau diese Entwicklung durchlaufen hat. Die Ideen und die Faszination der Teilnehmerinnen und ihre Erlebnisse mit der Pflanze haben mich immer wieder überrascht und begeistert. Sie sind in das Buch als Rezepte, Fotos, teilweise auch als Erfahrungsberichte mit eingeflossen. Sie haben es reicher gemacht.

Rau und sperrig? Ja, das ist er, der Beinwell. Doch gleichzeitig von einer überbordenden Vitalität und Lebenskraft, die er freigiebig verteilt. Ich wünsche allen Leserinnen und Lesern viel Freude beim Kennenlernen dieser ganz besonderen Pflanze.

Regine Ebert
September 2021

Botanik, Inhaltsstoffe, Heilkunde

Ein Jahr mit dem Beinwell

Winter

Zwei grüne Beinwellspitzen schauen aus dem Schnee heraus. Es ist Januar, ein kalter Tag im Taunus. Ich stehe auf einer versteckten Waldlichtung, die für das Wild freigehalten wird. Von meinen früheren Besuchen weiß ich, dass dieser Platz ein Paradies für Kräuter ist – für Huflattich, Johanniskraut, Wilde Möhre, Dost, Beifuß, Kreuzlabkraut und viele andere Arten. Am Rand der Lichtung hat der Beinwell ein großes Feld erobert. Vielleicht wurde dort einmal ein Wurzelstückchen zusammen mit Gartenabfällen abgeladen, denn es ist kein wirklich typischer Standort für das Raublattgewächs. Normalerweise siedelt er gerne auf Feuchtwiesen, in Auenlandschaften, an Bachsäumen und Uferböschungen. Er mag nährstoffreichen, humosen Lehmboden. Aber er hat genug Kraft, sich auch an weniger günstigen Standorten zu behaupten.

Im Winter zieht er sich komplett unter die Erde zurück. Doch dieser Winter war recht mild, und so sind die ersten Spitzen schon wieder zu sehen, lange vor der Zeit. Vorsichtig berühre ich einen Austrieb. Ganz leicht bricht er direkt über dem Boden ab, fast so, als hätte er eine Sollbruchstelle eingebaut. Die eingerollten Blättchen fühlen sich frisch und saftig an und schmecken genauso, wie sie aussehen – ein bisschen schleimig außerdem, ein typisches Kennzeichen dieser Pflanze.

Die meisten Triebe, die ich entdecke, sehen schon ein wenig abgenagt aus. Da scheinen noch andere auf den Geschmack gekommen zu sein. Viele Tiere sind hier unterwegs, der Boden ist uneben und voller Löcher. An einem dieser Trittlöcher hat das Wild einen Teil der Beinwellwurzeln freigelegt. Geschadet hat es ihnen nicht, sie wachsen weiter, als sei nichts geschehen.

Ein paar Tage später besuche ich den Beinwell in meinem Garten. Es ist ein Comfrey, der so genannte Garten- oder Futterbeinwell. Auch er schiebt schon die ersten Spitzen durch die halb verrotteten Blätter vom Vorjahr. Dazwischen, fast

Mit Kälte kann er gut umgehen: Frische Beinwelltriebe zeigen sich sogar im Winter.

hätte ich sie übersehen, liegen zwei Wurzelstückchen. Sie müssen den ganzen Winter über dort gelegen haben, ich habe sie beim Wurzelgraben wohl vergessen. Wie alte Ästchen sehen sie aus – braun, nass und modrig. Aber sie fühlen sich immer noch fest und lebendig an.

Beim Anschneiden zeigt sich das weiße Innere der Wurzel, und fröhlich teilt mir der Beinwell mit: »Hey, ich liege zwar seit Monaten hier auf dem kalten, nassen Boden herum, aber ich bin voller Kraft. Und wenn du mir jetzt ein bisschen Erde gibst, dann lege ich richtig los!« Es gibt wohl kaum eine Pflanze, die so voller Vitalität steckt wie der Beinwell. Die Wurzel ist verletzt? »Kein Problem, ich wachse trotzdem.« In der Mitte durchgebrochen? »Umso besser, ich verdopple mich.« Selbst kleinste Wurzelstückchen, in die Erde gesteckt, werden fast immer eine neue Pflanze hervorbringen.

Bei der Beschreibung der Wurzel sind manche Autoren fast poetisch geworden: kohlschwarz von außen – weshalb die alten Kräuterkundigen ihn auch »Schwartzwurz« nannten –, im Inneren aber »lilienweiß« (Kölbl 1961, S. 36). Auf solche Gegensätze werden wir beim Beinwell noch häufiger stoßen.

Der Wurzelstock einer älteren Pflanze ist kräftig und stark verzweigt. Einzelne Wurzeln können bis zu drei Zentimeter dick werden und über einen Meter in die Tiefe reichen, bei manchen Beinwellarten bis zu vier Metern. Eine ältere

Pflanze ganz auszugraben, ist deshalb kaum möglich. Nur bei den jungen, ein- bis dreijährigen Pflanzen kann es gelingen, sie komplett aus der Erde zu ziehen.

Beinwell gehört zur Familie der Raublattgewächse (Boraginaceae), zusammen mit Borretsch, Lungenkraut, Natternkopf, Ochsenzunge und einigen anderen. Auch das Vergissmeinnicht zählt dazu. Raublatt – das ist ganz wörtlich zu nehmen. Die älteren Blätter und Stängel des Beinwells fühlen sich fast wie Schmirgelpapier an. Sie sind mit stabilen Borsten besetzt, je nach Art mehr oder weniger.

Frühjahr

Im Frühjahr, wenn die ersten Blätter sprießen, wird er in der Wiese oft übersehen. Kein Wunder, eine Schönheit ist er in diesem Stadium nicht. Meist sieht er ein bisschen unordentlich aus, kreuz und quer stehen seine Blätter durcheinander. Ganz im Gegensatz übrigens zum giftigen Fingerhut, der im frühen Stadium zwar ähnliche Blätter hat, sie aber wohl sortiert in einer ordentlichen Rosette anordnet. Zudem sind die Blätter des Fingerhuts samtweich und am Rand gekerbt – noch ein eindeutiges Unterscheidungsmerkmal zum Beinwell. Eher ähneln die Beinwellblätter denen des Alant, mit denen sie auch früher hin und wieder verglichen wurden.

Drei oder vier Wochen nach den ersten Blättern schiebt der Beinwell dann die Blütenstängel in die Höhe. Fährt man mit dem Finger daran entlang, so fühlen sie sich entweder rau und borstig an oder fein und weich – je nachdem, ob man von oben nach unten streicht oder umgekehrt. Jetzt muss die Lupe her, und beim genauen Hinschauen sehen wir: Die Borstenhaare zeigen allesamt nach unten, zum Boden hin. »Diese stechenden Gebilde sind mehr oder weniger rückwärts

→ Wer ist wer? Eine wohl geordnete Rosette und gekerbte, weiche Blätter kennzeichnen den Fingerhut.
↓ Beinwellblätter sind rau, ganzrandig – und wirken immer ein bisschen unordentlich.

SEITE 16
↑← Ein Teil der Wurzel liegt frei, dem jungen Trieb schadet das nicht.
↑ Ein Ausbund an Vitalität: Schon unter der Erde zeigt sich neues Leben.
↓ Eine Pflanze voller Gegensätze: außen schwarz, innen weiß wie eine Lilie.

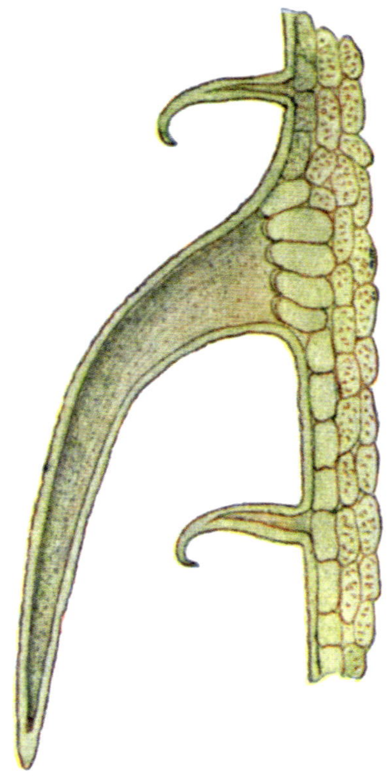

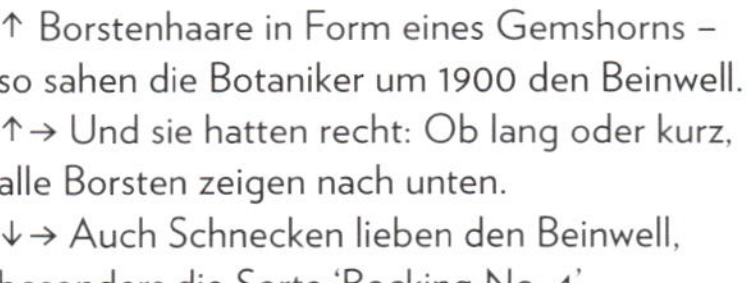

↑ Borstenhaare in Form eines Gemshorns – so sahen die Botaniker um 1900 den Beinwell.
↑→ Und sie hatten recht: Ob lang oder kurz, alle Borsten zeigen nach unten.
↓→ Auch Schnecken lieben den Beinwell, besonders die Sorte 'Bocking No. 4'.

gerichtet und von doppelter Form«, heißt es dazu in Schmeils Leitfaden der Botanik von 1909, »neben sehr großen, mehr geraden finden sich kleinere von der Gestalt eines Gemshornes«. Das ist ein wichtiges Detail, denn es kann dabei helfen, die unterschiedlichen Beinwellarten auseinanderzuhalten. Doch davon später mehr.

Es ist vor allem die Kieselsäure, die seine Borsten so rau und widerspenstig macht. Unsere Vorfahren haben sich das zunutze gemacht und Beinwellblätter über Nacht als Ungezieferfallen ausgelegt, in denen Wanzen und Flöhe hängenblieben und am Morgen entsorgt werden konnten (Bock 1577/1964, S. 88).

Botaniker gehen davon aus, dass sich der Beinwell durch sein raues Äußeres gegen Tierverbiss und Insektenfraß schützt. Auch den Schnecken falle es schwer, am Stängel emporzukriechen: »Die langen, scharfen Borsten dringen [...] wie Lanzenspitzen in die weiche ›Kriechsohle‹«, heißt es dazu im Schmeil. Doch Beinwellblätter schmecken gut, und Schnecken finden immer einen Weg. Junge Pflanzen des wilden Beinwells und auch der Comfrey, der eine etwas weichere Behaarung hat, sind nicht vor ihnen sicher. Meine Beobachtung ist, dass sich Schnecken zielsicher für die Sorte 'Bocking No. 4' entscheiden, wenn sie die Auswahl haben. Es ist die Art, die unter Kräutergärtnern als »kulinarische Sorte« gilt.

Der Beinwell blüht im »Brachmonat« und im »Heumonat« – so steht es in den alten Kräuterbüchern, gemeint sind Juni und Juli. Doch das hat sich ein wenig verändert. Schon im Mai beginnt die Blütezeit, und wenn er geschnitten wird, dauert sie bis Ende August, je nach Lage auch bis in den September hinein.

Fast wie ein Schneckenhaus sehen die eingerollten Knospenstände aus, manche vergleichen sie mit einem Skorpionschwanz. Der Fachbegriff dafür ist zweistrahliger Wickel oder auch Wickeltraube. Sie stehen in den Blattachseln der oberen Stängelblätter. Sogar die Knospen und die fünfzipfeligen Kelchblätter sind dicht behaart, so wie ein schlecht rasierter Bart. Doch sobald sich die ersten Blüten zeigen, ahnt man, dass noch eine andere Seite im Beinwell steckt. Plötzlich

→ Wenn sich die aufgerollten Knospenstände langsam öffnen, zeigt sich der Beinwell von seiner zarten Seite, wie hier der Comfrey.
↓ Beim blau blühenden Wilden Beinwell sind auch die geschlossenen Knospen dunkelviolett gefärbt.

kommt Farbe ins Spiel, ein zartes Violett, ein Cremeweiß oder Rot in verschiedenen Schattierungen. Mit jeder Blüte, die sich öffnet, entrollt sich der Wickel etwas mehr, und der Beinwell zeigt sich in einer Schönheit, der sich kaum jemand entziehen kann. Vielleicht ist es gerade dieser Gegensatz zwischen ruppig und zart, verletzlich und widerspenstig, der die Menschen so berührt, wenn sie sich Zeit nehmen, einen blühenden Beinwell genauer zu betrachten.

Wie kleine Glocken zeigen die Blüten mit der Öffnung zum Boden hin. Auf diese Weise sind die Pollen und das Blüteninnere vor Regen geschützt. Weil sich die Blüten erst nach und nach öffnen, finden Insekten über viele Wochen hinweg Nahrung. Unsere Vorfahren haben vom Beinwell-Weibchen, der weiß blühenden Art, und dem Beinwell-Männchen, der blauviolett blühenden Art, gesprochen (Flamm et al. 1949, S. 41). Bei den Gartenformen sind vielfältige Schattierungen möglich, und manchmal sind auch sie schon verwildert zu finden.

Auffällig ist, dass bei der dunklen Variante die Blütenfarbe von rötlich bis zum dunklen Blau wechseln kann. Ein wunderschönes Farbenspiel, das auch bei anderen Vertretern der Raublattgewächse, etwa dem Lungenkraut, zu beobachten ist. Verantwortlich dafür sind Pflanzenfarbstoffe, die – je nach pH-Wert der Blüten – von sauer (rot) zu basisch (blau) changieren und den Insekten Auskunft über den Reifezustand der Blüten geben: Ist schon genug Nektar vorhanden? Lohnt sich der Anflug überhaupt?

Beim Beinwell ist das eine wichtige Frage, denn er macht es den pollen- und nektarsuchenden Insekten nicht leicht. Er hat einen Mechanismus entwickelt, der nur langrüsseligen Hummeln Zugang gewährt und der sicherstellt, dass die Besucher beim Abflug auch genügend Pollen mitnehmen. »Schlundschuppen« nennt man diese raffinierte Vorrichtung im Inneren der Blüte.

→ Die Schlundschuppen – fünf Einbuchtungen im Innern der Blüte – verengen den Zugang zum Nektar, wie hier beim Wilden Beinwell.
→→ Sogar diese Schlundschuppen sind mit Borsten besetzt, wie hier in der Comfrey-Blüte.
↓ Stacheliges Innenleben: Deutlich sind die fünf Staubblätter mit den Pollenkörnern und dazwischen die fünf Schlundschuppen zu sehen. Das Bild zeigt eine Blüte des weiß blühenden Wilden Beinwells.

SEITE 20
Bienen wählen den einfachen Weg: Sie nutzen die von Hummeln in die Blüte gebissenen Löcher und holen sich auf diesem Weg den Nektar.

Vom Kelchrand aus stülpen sich an fünf Stellen kleine Einbuchtungen nach innen und verengen den Zugang. Sogar diese Schuppen sind mit Borsten besetzt, sodass die Hummeln den Kontakt damit möglichst vermeiden. Sie führen ihren langen Rüssel genau mittig zwischen den Schlundschuppen hindurch und drücken dabei die Staubblätter auseinander, um zum Nektar vorzudringen. Dabei fällt ihnen Blütenpollen auf den Kopf, den sie dann zur nächsten Blüte mitnehmen.

Weil das auf Dauer richtig anstrengend ist, bietet ihnen der Beinwell eine Einstiegshilfe: Die fünf Zipfel der Blütenkrone sind nach außen zurückgebogen, sodass sich die Hummeln dort gut festhalten können. Übrigens sind auch die Schlundschuppen ein Unterscheidungsmerkmal, je nach Beinwellart können sie länger oder kürzer als die Blütenkrone sein.

Kurzrüsselige Hummeln lassen sich davon jedoch nicht abhalten. Sie beißen einfach von außen ein Loch in die Blütenröhre, durch das sie den Saugrüssel direkt zum Nektar führen. So lässt sich täglich das gleiche Schauspiel beobachten: Hummeln, die zielsicher ihre vorgebohrten Löcher ansteuern, neben vielen Bienen, die diesen einfachen Einstieg nutzen.

Sommer

Wenn die Samen reif werden, fällt die Blütenkrone zu Boden und gibt den Blick in den Kelch frei. Auffällig ist der lange Griffel, der wie eine Antenne aus dem Kelch herausragt. Und noch etwas fällt ins Auge: Der Blütenwickel rollt sich so weit auf, dass der Kelch mit den reifenden Samen direkt nach oben zeigt – ein besonderer Moment, und der einzige, in dem diese so sehr der Erde zugewandte Pflanze sich ganz dem Himmel zu öffnen scheint.

Um die Griffelspitze herum entwickeln sich die sogenannten Klausenfrüchte. Sie heißen so, weil sie während der Reife in mehrere Nüsschen oder Klausen zerfallen. Das ist typisch für die Raublattgewächse. Im Fall des Beinwells entstehen vier Klausen pro Blüte, jede bis zu fünf Millimeter lang und schwarz-glänzend gefärbt. Nun verlängern sich die borstigen Kelchblätter noch ein wenig und legen sich bis zur endgültigen Samenreife schützend über die Nüsschen. Denn diese bergen ein kleines Geheimnis: Manche Samen tragen an der Seite ein Ölkörperchen (Elaiosom), der ein Leckerbissen für Ameisen ist, die sie deshalb gerne wegschleppen und damit zur Verbreitung des Beinwells beitragen. Zusätzlich enthalten die Samen eine Luftblase, sodass sie auch auf dem Wasserweg reisen können, ohne unterzugehen (Lüder und Lüder 2017, S. 132).

Als hätten sie ihre Arbeit nun getan, neigen sich die Blütenstängel zur Seite und fallen schließlich einfach um. Die Blätter sind unansehnlich geworden und haben ihre kräftige Farbe verloren. Jetzt legt der Beinwell eine kurze Ruhepause ein. Doch schon ein paar Wochen später schiebt sich aus dem Gewirr der verrottenden Blätter die nächste Blattgeneration aus der Erde, während die alten Blätter rundum für gute Düngung sorgen.

In vielen Gärten und auf den meisten Wiesen kommt es jedoch gar nicht so weit, denn oft wird schon kurz vor oder während der Blüte gemäht oder geschnitten. Schaden tut das dem Beinwell nicht. Nach jedem Schnitt hält er kurz inne, um dann umso kräftiger wieder auszutreiben. Beim Comfrey sind mehrere Schnitte im Jahr möglich – ob man nun das Blattmaterial als Dünger für den Garten braucht oder ob man einfach nur möchte, dass er das ganz Jahr über hübsch aussieht und mehrmals blüht.

Herbst

Irgendwann zwischen September und Oktober – je nach Wetter – geht dann auch die Blütezeit zu Ende. Der Beinwell bereitet sich auf den Winter und seine Ruhepause vor. Die Blätter werden langsam braun und löchrig und verlieren an Lebenskraft. Bis zum ersten Frost halten sie durch und versorgen den Wurzelstock mit Nährstoffen. Doch dann machen auch sie schlapp, werden matschig und unansehnlich. Dennoch erfüllen sie weiterhin ihren Zweck: Sie schützen die bodennahen Wurzeln und später die frühen Austriebe vor dem Frost. Sie dienen Kleinstlebewesen in der kalten Jahreszeit als Unterschlupf. Und in ihrem langsamen Vergehen geben sie immer noch Nährstoffe an die Erde ab. Deshalb sollten sie am besten einfach rund um die Pflanze liegenbleiben, selbst wenn es zwischendurch nicht so schön aussehen mag.

Nur ein paar vertrocknete Blütenstängel bleiben noch eine Weile aufrecht stehen. Während die Fasern nach und nach weicher und biegsamer werden, scheint die Zeit an den rauen, nach unten zeigenden Kieselsäureborsten fast spurlos vorüberzugehen. Noch weit bis ins nächste Frühjahr sind sie deutlich zu erkennen und zeigen den Standort des Beinwells an.

Die rauen Stängel überdauern den Winter. Noch im Frühjahr sind die Borstenhaare gut erkennbar.

SEITE 22
←← Sobald die Blütenkrone abgefallen ist, streckt sich der Kelch nach oben, dem Himmel entgegen. Wie eine Antenne ragt der lange Griffel heraus.
← Gleich nach der Blüte zeigt sich in der Mitte der Beinwellstaude schon ein neuer Austrieb.

Beinwell in der Medizingeschichte – von der Antike bis heute

Sein Name ist Programm

Im Laufe der Jahrtausende haben die Menschen dem Beinwell viele Namen gegeben. Doch fast alle erzählen die gleiche Geschichte. Es ist eine Geschichte von gebrochenen Knochen, Wunden und Blutungen – und von deren Heilung. Sie erzählt vom Zusammenwachsen der Gebeine, vom Heilwerden und vom Gesunden verletzter Körperteile.[1]

Im 1. Jahrhundert n. Chr. beschreibt der griechische Arzt Dioskurides den Beinwell als »Symphyton allon«. Das griechische Wort *symphýein* bedeutet so viel wie zusammenwachsen. Die Römer kennen ihn zur gleichen Zeit unter »Soldago«, was für fest, hart und solide steht. Äbtissin Hildegard von Bingen führt ihn später unter dem lateinischen Namen »Consolida maior« (lat. *consolidare* = konsolidieren, befestigen).

So geht es weiter mit den Namen und den Geschichten: Bis heute heißt er in Italien *Consolida maggiore* – was man mit »größter Festiger« übersetzen könnte. »Knitbone« nennen ihn die Engländer, und meinen damit einen, der die Knochen wieder zusammenfügt.

In deutschsprachigen Kräuterbüchern ist er bis weit ins 20. Jahrhundert unter »Wallwurz« zu finden. Wallen – das tun die Bäume nach dem Astschnitt. Holz, Rinde und Kambium produzieren neues Gewebe, um Verletzungen zu heilen; die Schnittstellen überwallen vom Wundrand aus. Und das Wort »Wurz« deutet darauf hin, dass die Wurzel der heilkräftigste Teil der Pflanze ist – zumindest verstehen wir es heute so. Im ursprünglichen Sinne bezeichnet Wurz das heilkräftige Wesen einer Pflanze an sich. Eine geschätzte Heilpflanze haben unsere Vorfahren einfach »Wurz« genannt. Auch das »well« im aktuellen Namen Beinwell geht auf das Wallen zurück, während »Bein« ein altes Wort für Knochen ist und allgemein für die »Gebeine« steht. Wir haben es also mit einer Pflanze zu tun, die unseren

Knochen und Gebeinen guttut, die Verletzungen heilt und Wunden wieder schließen kann.

Vertrauen in den Knochenheiler

Schauen wir noch einmal genauer bei Dioskurides nach. Die Beinwellwurzel binde Fleisch, mit dem sie zusammen gekocht wird, zu Gallerte, schreibt er. Viele spätere Autoren greifen diese Aussage auf, und es wird immer erstaunlicher: »[...] wann man sie bey Fleisch in einem Hafen lege, so sollen die Stück wiederum zusammen wachsen«, heißt es im 16. Jahrhundert bei Tabernaemontanus (1731/1982, S. 950; das mittelhochdeutsche Wort *haven* meint ursprünglich Behältnis oder Gefäß). Das mag seltsam anmuten, doch wird es verständlich, wenn man selbst einmal die klein geschnittenen Wurzelstücke in Öl mazeriert. Durch den Schleim verbinden sich schon nach kurzer Zeit die Teile zu einem festen Klumpen und lassen sich nur mit Mühe wieder trennen.

Die alte Literatur zeugt von einem unerschütterlichen Vertrauen in den Knochenheiler, manchen gilt er gar als Wunderpflanze. Ob Brüche oder Fleischwunden, Quetschungen, Verrenkungen, Geschwülste oder Abszesse – Wurzel und Kraut des Beinwells versprechen zuverlässige Hilfe. Oft wird die Pflanze in Wasser oder Wein gekocht, nicht selten mit kostbaren Zutaten gemischt und aufwendig verarbeitet.

Schon im Altertum ist es gang und gäbe, aus der Beinwellwurzel ein Pflaster oder einen Gips herzustellen, eine Anwendung, die sich in verschiedenen Variationen bis in die beginnende Neuzeit erhalten hat. So beschreibt Meister Peter von Ulm, bekannter Wundarzt seiner Zeit und Verfasser des Wundarzt-Handbuchs »Cirurgia« (erschienen um 1423), ein Pflaster, mit dem er aufgegangene Pestbeulen heilt. Dieses Pflaster enthält neben einigen anderen Zutaten auch unsere »wal wurtz« (Müller 2005, S. 84).

Hildegard von Bingen

Hildegard von Bingen (1098–1179) empfiehlt den Beinwell in ihrem Werk »Physica« bei Wunden und Geschwüren. Er heile Schleim und Geschwüre oben auf der Haut, jedoch nicht innen im Fleisch, also keine tieferen Fleischwunden. Dort nämlich entlasse er »alle mögliche Fäulnis nach innen«. Hildegard verdeutlicht dies mit einem Bild: Wo Steine in eine Grube geworfen werden, um das Wasser am Versickern zu hindern, dort setze sich in der Tiefe Überflüssiges an. »Würmlein und sonstiges Ungeziefer« bleiben drinnen (Abtei St. Hildegard 2020, S. 131).

Gerade bei verschmutzten und vereiterten Wunden nutzt man den Beinwell zu ihrer Zeit häufig; es wird berichtet, dass er den Eiter und den Schmutz geradezu aus der Wunde herausziehe. Auch heute tauchen vereinzelt Hinweise auf, den Beinwell bei tiefen Wunden vorsichtig einzusetzen. Die Begründung klingt einleuchtend: Er kann eine so schnelle Gewebeheilung an der Oberfläche bewirken, dass Entzündungssekrete, die sich in der Tiefe bilden, nicht mehr abfließen können.

Eine weitere Anwendung stammt aus Hildegards Werk »Causae et curae«: Zusammen mit Zitwerwurzel und Sellerie empfiehlt sie Beinwellkraut dort gegen Risse des Bauchfells. Die Kräuter werden in Wein gekocht, der abgeseihte Wein nach dem Essen und zur Nacht getrunken. Die Kräuter lege man »warm auf die kranke Stelle, denn sie fügen den Riss wieder zusammen« (Pawlik 1990, S. 219 f.). Unterstützend soll der Patient klein geschnittene Beinwellwurzeln in Wein einlegen und so lange trinken, bis er geheilt ist.

Heilung für den Wundenmann

Der Schweizer Arzt und Alchemist Paracelsus (1493–1541) nutzt Consolida ebenfalls bei Knochenbrüchen, Wunden und »offenen Schäden«. Bei Geschwüren empfiehlt er ihn in Mischungen mit anderen Pflanzen. Wahrscheinlich arbeiten fast alle Wundärzte und Chirurgen seiner Zeit mit dem Beinwell, und man kann davon ausgehen, dass auch das einfache Volk ihn kennt und nutzt.

Mit welchen Verletzungen die Menschen damals zu tun hatten, illustriert der »Wundenmann«, eine Zeichnung, die in medizinisch-chirurgischen Handschriften dieser Zeit zu finden ist. Sie zeigt einen von Wunden übersäten Mann, dem Speere, Messer, Keulen und Pfeile noch im Körper stecken – eine drastische, aber sicher nicht ganz unrealistische Darstellung.

Wie gut, dass es den Beinwell gibt: »Diese Wurzel wol zerstossen, pflastersweis aufgestrichen und übergelegt, erzeiget wunderbarliche Hülff in Beinbrüchen, auch Fleischwunden und Brüch der Gemächten«, schreibt der Arzt und Apotheker Jacobus Theodorus (1522–1590), der sich später den Namen Tabernaemontanus gibt (Tabernaemontanus 1731/1982, S. 951). Dafür übersetzt er einfach den Namen seiner Geburtsstadt Bergzabern ins Lateinische.

Jacobus Theodorus stammt aus einer einfachen Familie. Lange Zeit ist er als Kräutersammler im Elsass unterwegs, später steigt er zum Hofarzt des Grafen Philipp III. von Nassau-Weilburg und des Speyrer Bischofs auf. 1588 schafft er es nach vielen Anläufen, sein Hauptwerk, das »Neuw Kreuterbuch« zu veröffentlichen. Mit bildreichen Worten bringt er darin seinen Lesern die Krankheiten seiner Zeit, ihre Heilpflanzen und deren Anwendung näher. Eng befreundet war Tabernaemontanus mit dem Arzt und Botaniker Hieronymus Bock, und er stand zudem in Kontakt mit Otto Brunfels und Leonhart Fuchs. Diese drei gelten heute als »Väter der Botanik« und berichten in ihren Werken ganz ähnlich von »Krafft und Würckung« der Wallwurz (Bock 1577/1964, S. 87).

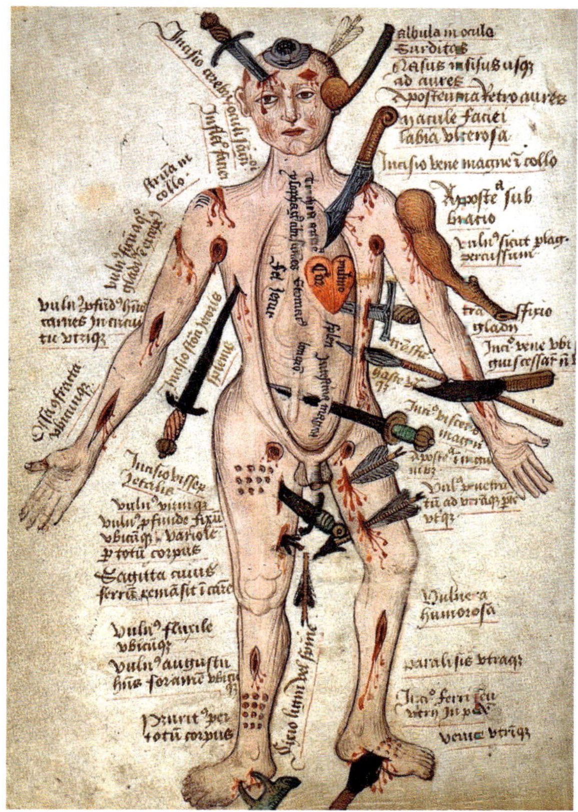

Messer, Schwerter und Pfeile stecken in seinem Körper – der »Wundenmann« war eine beliebte Darstellung in den medizinischen Lehrbüchern des späten Mittelalters.

Stärkung für die Lunge

Der gute Ruf des Beinwells als Knochen- und Wundheiler hat sich bis heute gehalten, andere Anwendungen sind dagegen in Vergessenheit geraten. Schauen wir noch einmal bei den alten Kräuterkundigen nach: »Fein gegessen und getrunken sind sie gut für die, welche an Blutspeien und inneren Abscessen leiden«, schreibt Dioskurides über die Beinwellwurzeln. Verletzungen im Brustraum, besonders Lungenleiden, behandelt der Grieche damit innerlich und äußerlich, genauso die Schwindsucht (Tuberkulose), Husten und chronische Katarrhe.

Ein vergleichsweise einfach herzustellendes Rezept für eine Latwerge – ein breiiges Arzneimittel – gegen »Schwindsucht, Lungengeschwüre, eitrigen Auswurf und Lungenkrankheiten« findet sich im »Lorscher Arzneibuch«, dem ältesten erhaltenen Werk der Klosterheilkunde im deutschen Sprachraum. Es entstand um 795 n. Chr. im Reichskloster Lorsch bei Worms.

Rezept

»Zutaten: Wurzeln vom Gemeinen Beinwell, das ist die Große Wallwurz, wäschst du gründlich, schälst sie und zerkleinerst sie sorgfältig. 4 Unzen davon, 2 Unzen Alantwurzeln und zwei Unzen Eibischwurzeln kocht man in einem frisch gebrannten irdenen Topf mit Regen- oder Flußwasser, bis sie gut gar sind und dickflüssig wie Honig; tu sie in einen Mörser, reib sie, bis sie gut aufgelöst sind, und gib abgefeimten Honig dazu, damit es recht flüssig wird. Dann schüttest du folgendes Pulver hinein: Je zwei Drachmen Zimt, keltischen Speik, Gewürznelken, Pfeffer und Ingwer. Davon nimmt man morgens einen Löffel, mittags einen Löffel und abends einen Löffel bis zur Genesung.«

(Heimat- und Kulturverein Lorsch 1990, S. 104; Abdruck des Rezepts mit freundlicher Genehmigung des Heimat- und Kulturvereins Lorsch)

Erläuterungen: Feim ist ein altes Wort für Schaum, also abgeschäumten, gereinigten Honig. Beim keltischen Speik handelt es sich um eine Baldrianart, den Echten Speik (*Valeriana celtica*). Eine Unze entspricht etwa 27 bis 31 Gramm, ein Drachme – oder auch Quentchen – ist eine achtel Unze.

Das »Lorscher Arzneibuch« erwähnt den Beinwell noch ein zweites Mal, und zwar unter dem Titel »Das Antidot (Gegengift), welches Panazee genannt wird«. Als Panazee wurde ein Allheilmittel bezeichnet, das »gegen sämtlich Krankheiten« eingesetzt werden konnte. Es ist ein aufwendiges Rezept mit 33 verschiedenen Zutaten. Harze wie Weihrauch und Opoponax sind darunter, zudem Balsamholz, Safran sowie Kräuter und Gewürze wie Petersilie und Senf. Und dann noch sechs Drachmen getrockneter Beinwell. Von diesem Allheilmittel, gut gemörsert und gemischt, wird ein Jahr täglich ein Löffel voll »in bestem Wein und warmem Wasser« eingenommen – »und der Kranke wird gesund«.

Fast zwei Jahrtausende lang werden Lungenleiden erfolgreich mit Beinwell, innerlich und äußerlich angewandt, behandelt. Er reinige Brust und Lunge von Eiter, schreiben Hieronymus Bock und Leonhart Fuchs. Sie lagen nicht falsch, wie wir nach heutigem Kenntnisstand der Inhaltsstoffe wissen. Danach war Beinwell durchaus in der Lage, das Lungengewebe zu stärken und zu kräftigen, Blutungen zu stillen und Entzündungen zu lindern.

Magen, Darm und Hämorrhoiden

Auch Magen- und Darmbeschwerden kuriere der Beinwell – so ist es in den alten Schriften zu lesen. Dazu zählt man schwere Erkrankungen wie Magenblutungen und -geschwüre, blutige Durchfälle bis zur »Roten Ruhr« (eine durch Shigellen ausgelöste Infektion) sowie Darmverletzungen. Berichte darüber gehen zurück bis in die Antike. Häufig wird ebenfalls eine zu starke Menstruation mit Beinwell behandelt, genauso Leisten- oder Nabelbrüche, daneben manchmal Gonorrhoe (Tripper) und Hämorrhoiden. Seltener sind es Nierenleiden oder -geschwüre, aber selbst dafür wird Beinwell herangezogen.

Die meisten Anwendungen haben sich bis weit ins 20. Jahrhundert erhalten, was für die Wirksamkeit der alten Rezepte spricht. Noch um 1980 finden wir Beinwellrezepte gegen Angina und Bronchitis, Husten und Pleuritis (Rippenfellentzündung) in den Kräuterbüchern. Und auch bei Durchfällen, inneren Verletzungen und Blutungen haben ihn die neuzeitlichen Kräuterkundigen innerlich und äußerlich verschrieben.

Wallwurzwasser – ein frühes Hydrolat des Beinwells

Ganz in Vergessenheit geraten ist das »Wallwurzwasser«, von dem Tabernaemontanus und viele andere Autoren berichten. Mit Wasser ist das Hydrolat der Pflanze gemeint, das in der Regel durch Wasserdampfdestillation gewonnen wird. Noch im 16. und 17. Jahrhundert ist das eine gängige Verfahrensweise, um Heilmittel herzustellen. Die Destillation gehört zur Spagyrik, dem Heilzweig der Alchemie, die in dieser Zeit eine Hochphase hatte. So erstaunt es nicht, dass sich in den Medizinbüchern dieser Zeit ausführliche Beschreibungen der verschiedensten Pflanzenwässer finden.

Tabernaemontanus (1731/1982, S. 951) schätzt das »Schwartzwurzwasser« innerlich als Wundtrank, äußerlich als Auflage oder Kompresse bei Brüchen, Wunden, Lungenleiden und Bluthusten: »Welche gebrochen sind oder im Leib versehret, die sollen von diesem Wasser allzeit ein wenig under ihren Tranck vermischen. So einer ein Bein gebrochen hätte, der trinke solches Wasser, es heilet von innen heraus.« Tücher, damit benetzt und aufgelegt, löschen die »unnatürliche Hitze« (was sich auf akute Gichtanfälle beziehen könnte) und das »wilde Feuer«. Das Wasser hilft bei Geschwulsten, »heilet auch die Schrunden an den Lefftzen, Händen und Füßen, die Versehrung an heimlichen Orten, oft damit gewaschen«.

Adam Lonitzer, Mitte des 16. Jahrhunderts Stadtphysicus (Amtsarzt) in Frankfurt am Main, fügt eine weitere Anwendung hinzu: Mischt man das Wallwurzwasser mit einem Baumöl (gemeint ist wahrscheinlich Olivenöl) und bringt es auf blutende Wunden, so stillt es das Blut. Das gleiche geschieht, wenn der Patient das

Eine Wasserbrennerin heizt den Ofen an. Vor ihr liegen Pflanzen, die zum Destillieren bestimmt sind. Eine Darstellung aus dem späten 15. Jahrhundert.

Wasser zwei- bis dreimal täglich trinkt. Das Destillat gewinnt er aus Blättern und Wurzeln des Beinwells.

Pflanzenwässer galten ebenso als »Schatz der Armen« (Fischer-Rizzi 2020, S. 16), weil sie auch von denjenigen hergestellt werden konnten, die sich keine Ärzte oder Medikamente leisten konnten. Und nicht nur Männer, auch viele Frauen haben destilliert. Sie haben Heilmittel für ihre Familien hergestellt, Parfums kreiert, teils gegen große Widerstände professionell geforscht und dabei Pionierarbeit geleistet (Fischer-Rizzi 2020, S. 17 ff.).[2]

Vielleicht kommt das Beinwellwasser ja bald wieder neu ins Gespräch. Denn die toxischen Pyrrolizidinalkaloide (PA), die der Beinwell in sehr geringen Mengen enthält (siehe S. 63 ff.), sind zu schwer, um vom Wasserdampf aufgenommen zu werden und ins Hydrolat überzugehen. So könnte das Destillieren eine Möglichkeit eröffnen, eine PA-freie Zubereitung des Beinwells herzustellen (siehe S. 124 ff.).

Beinwell im 20. und 21. Jahrhundert

Viele Zubereitungen aus dem frühen 20. Jahrhundert erinnern noch an die alten Zeiten: Da wird die Wurzel in Wein oder Wasser gesotten und gerne mit Honig zu einer Latwerge verarbeitet. Dieses Heilmittel kräftige und reinige die Atmungsorgane, löse Verschleimungen und sei zudem ein »ausgezeichnetes Mittel gegen Geschwüre«, heißt es im populären »Handbuch der Heilpflanzenkunde« von August Paul Dinand aus dem Jahr 1926. Über die Wurzel sagt er außerdem: »Sie liefert ein ausgezeichnetes Gemüse, das leider zu wenig bekannt ist« (ebd., S. 172).

Auch Kräuterpfarrer Johann Künzle (1857–1945) lobt den Beinwell und empfiehlt ihn äußerlich »mit großem Erfolg zur Heilung von Wunden, Schrunden, Brüchen, selbst Leistenbrüchen«. Kombiniert mit Blutwurz, Weihwedel, Wiesenknopf und anderen Pflanzen verarbeitet er die Wurzel zu seiner Heilsalbe »Anthyllis«. Mit der frischen Wurzel behandelt er Knochenbrüche, Quetschungen, Krampfadergeschwüre und Thrombosen sowie die Gesichtsrose. In seinem Rezept für einen Kraftwein wird ein wenig Beinwellwurzel in Wein ausgezogen: »Dieser Wein wirkt ausgezeichnet gegen alle inneren Blutungen, auch gegen Lungenblutungen« (Künzle 1945/1995, S. 359).

Ein prägendes Werk der Naturheilkunde des 20. Jahrhunderts ist das dreibändige »Lehrbuch der biologischen Heilmittel« von Gerhard Madaus (1890–1942), das 1938 erscheint. Dort wird der Beinwell ausführlich gewürdigt, die Indikationen sind vielfältig. So nennt Madaus neben den bekannten Anwendungen außerdem Schlaganfall, Diabetes mellitus, Parodontose und Vereiterungen des Zahnfleischs, Überbein und Ischiasbeschwerden. Symphytum fördere die regenerativen Prozesse im Körper, schreibt er.

In ihrem Buch »Die Heilkraft der Pflanzen« beschreiben die Autoren Flamm, Kroeber und Seel (1949), wie das gemeine Volk die Beinwellwurzel nutzt: innerlich als gutes Mittel bei Darmerkrankungen bis hin zu Darmgeschwüren. Und bei hartnäckiger Bronchitis kommt der Schwarzwurzelhonig zum Einsatz, ein altes Rezept, nach dem die Wurzel klein geschnitten und in Honig eingelegt wird. Die äußerlichen Anwendungen kennen wir inzwischen: Knochenbrüche, Entzündungen der Haut und Blutgefäße, Muskelrisse, Quetschungen und Ähnliches mehr.

Die Mediziner schätzen zudem am Beinwell, dass sich bei heißen Anwendungen auf der Haut die roten Blutkörperchen vermehren und bei Einnahme der Wurzel die weißen – eine wichtige Heilreaktion des Körpers bei Infektionen und eiternden Geschwüren. In der Chirurgie werden Frakturen, Narben und Amputationsstümpfe mit Beinwell nachbehandelt, bei schlecht heilenden Wunden legt man Lehmpackungen mit etwas Beinwelltinktur auf. Auch bei Brandwunden wird der Beinwell eingesetzt – eine nachvollziehbare Anwendung bei seinen stark hautheilenden und regenerierenden Inhaltsstoffen und seiner kühlenden Wirkung.

Eine Vielzahl von Anwendungsgebieten nennt schließlich »Hagers Handbuch der Pharmazeutischen Praxis« noch Ende der 1970er-Jahre – vom Durchfall bis zu Tumoren. Dann, in den 1990er-Jahren, wird es langsam stiller um den Beinwell, vor allem um seine innerliche Einnahme.

Was war geschehen? Die Wissenschaft hat die Pyrrolizidinalkaloide (PA) im Beinwell entdeckt – Stoffe, die bei einer Langzeitanwendung und in massiver Überdosierung lebertoxisch und kanzerogen wirken können. Zahlreiche Heilpflanzen enthalten diese Alkaloide in unterschiedlicher Form und Menge, auch der Beinwell ist darunter.

In den folgenden Jahren werden die Analysemethoden der Labore immer feiner, selbst winzige Spuren eines Stoffes können noch nachgewiesen werden. Im Zuge dieser Entwicklung werden die Grenzwerte für den PA-Gehalt in Beinwellsalben immer weiter gesenkt. Für die Hersteller von Naturheilmitteln ist das eine große Herausforderung, der sie mit der Züchtung einer PA-freien Beinwellart und ausgeklügelten Herstellungsverfahren begegnen. Der PA-Gehalt in ihren Produkten liegt nun unter der Nachweisgrenze. Dennoch – und obwohl PA nur sehr schlecht über die Haut aufgenommen werden – darf Beinwell in der Therapie nur noch für einen eng begrenzten Zeitraum und nur auf intakter Haut verwendet werden. Den innerlichen Gebrauch lehnen die Fachgremien zur Gänze ab.

Unabhängig davon gibt es keinen Zweifel an seiner Wirksamkeit, wenn es um Schäden des Bewegungsapparats geht wie Bänderrisse, Knochenbrüche, Prellungen, Arthritis und Arthrose. Da kann er durchaus mit konventionellen Medikamenten mithalten und ist ihnen mitunter sogar überlegen. »Beinwellwurzel wirksamer als Diclofenac« titelt 2008 die Pharmazeutische Zeitung (Gräfe 2008). In einer Studie waren Verletzungen des Sprunggelenks mit Voltaren und Kytta-Salbe (mit Beinwellextrakt) behandelt worden. Sowohl Ärzte als auch Patienten fanden, dass die Beinwellsalbe gegen Schmerzen und Schwellungen besser wirke.

Erfahrungsbericht: Beinwellblätter helfen besser

»Ich hatte mich beim Sport am Mittelhandknochen der linken Hand verletzt. Die Schmerzen waren so stark, dass ich mehrere Ibuprofen 600 nehmen musste. Da ich Sonntag nach Kuwait fliegen musste, habe ich Samstagabend meiner Frau etwas Beinwell ›geklaut‹. Ich war überrascht. Am Sonntag waren die Schmerzen nicht mehr so schlimm wie Samstagabend. In Kuwait habe ich mich mit Ibuprofen und Voltaren über Wasser gehalten. Wieder zurück, habe ich jeden Abend einen Beinwellverband auf die Hand gelegt. Ich weiß nicht, ob es Einbildung ist, aber ich glaube, Beinwell hat besser geholfen als Voltaren.«

Wolfgang Staub, Bad Soden

Trotz aller Diskussionen hat sich die Volksheilkunde den Beinwell nicht nehmen lassen wollen. Kräuterkundige graben die Wurzel wie eh und je, verarbeiten sie – auch ohne Laboranalyse – zu Salben, Tinkturen und Ölen. Im ländlichen Bereich, besonders in den Alpenregionen, ist der Beinwell auf vielen Höfen nicht aus der Haus- und Stallapotheke wegzudenken. Das Wissen um seine Heilkraft und Anwendung wird in Kräuterschulen und ebenso in der Fachliteratur weitergegeben – für den privaten Gebrauch.

Doch die Diskussionen und Warnungen haben auch hier ihre Spuren hinterlassen. Der Umgang mit der Pflanze ist insgesamt sehr viel vorsichtiger geworden. Da bis heute keine ausreichend gesicherte Datenlage über den Beinwell vorliegt, mag das seine Berechtigung haben (siehe S. 63ff.).

In großen Teilen der Bevölkerung hat die Verunsicherung jedoch so stark zugenommen, dass manche Menschen sich nicht mehr trauen, ein Blättchen Beinwell im Salat zu essen. Angst ist an die Stelle von wirklichem Wissen getreten. Dabei haben selbst Skeptiker kaum etwas gegen einen gelegentlichen Verzehr von Beinwell einzuwenden, ähnlich wie dies beim Borretsch der Fall ist. Was in der Diskussion nur allzu oft vergessen wird, ist der Umstand, dass beide Pflanzen auch einen erheblichen gesundheitlichen Nutzen haben.

Generell darf und muss jeder und jede selbst darüber entscheiden, wie er oder sie den Beinwell für sich selbst anwendet. Auch hier gilt letztendlich der weise Satz von Paracelsus, dass allein die Dosis das Gift macht.

Gibt es denn etwas von Gott Geschaffenes,
das nicht mit einer großen Gabe begnadet wäre?
Das nicht dem Menschen zum Nutzen angewendet werden könnte?
Wer das Gift verachtet, der weiß nicht, was im Gift ist …
Gibt es überhaupt etwas, das nicht giftig wäre?
Alle Dinge sind Gift – und nichts ist ohne Giftigkeit.
Allein die Dosis macht, dass etwas giftig ist.

PARACELSUS

Beinwell oder Comfrey? Unterscheidung der wichtigsten Arten

Nur wenige Beinwellarten waren ursprünglich in Deutschland heimisch. Das sind in der Hauptsache der Wilde oder Gewöhnliche Beinwell (*Symphytum officinale*) sowie der Knoten-Beinwell (*Symphytum tuberosum*). Die meisten anderen Arten, die wir in unseren Gärten oder auf den Wiesen finden, stammen aus Russland oder dem Kaukasus, beispielsweise der Comfrey (*Symphytum* × *uplandicum*), der Raue Beinwell (*Symphytum asperum*) oder auch der Großblütige Beinwell (*Symphytum grandiflorum*).

Insgesamt sind 37 verschiedene Arten und Unterarten des Beinwells bekannt – je nach Autor können es ein paar mehr oder weniger sein. Zur besseren Übersicht habe ich mich am »International Plant Names Index« (IPNI)[3] orientiert. Das ist eine Datenbank für botanische Namen, die seit 1998 an den Royal Botanic Gardens in Kew (London) geführt wird. Sie listet alle international anerkannten Namen von Samenpflanzen und Farnen sowie deren Synonyme auf.

In der Praxis ist es für Laien oft sehr schwer, die verschiedenen Arten zu bestimmen. Vielleicht ist es ein kleiner Trost, dass es auch für Botaniker nicht immer einfach ist. Denn die Systematik mag noch so gut sein, die Natur will sich ihr einfach nicht anpassen. Stattdessen bringt sie immer wieder Mischformen hervor, bei denen zwei Merkmale einer Art einwandfrei stimmen, das dritte jedoch nicht. Ein Beinwell, der laut Bestimmungsbuch violett blühen sollte, bringt plötzlich zartrosa Blüten hervor, und dort, wo die Blätter am Stängel herablaufen sollten, tun sie es einfach nicht.

Beinwell neigt wie viele andere Pflanzen zum Hybridisieren, das heißt, er bildet gerne Mischformen aus, die oft nur noch im Labor über den Chromosomensatz sicher bestimmt werden können. Das hat schon manchen Pflanzenliebhaber zur Verzweiflung gebracht. Schlimm ist das jedoch nur, solange uns das Schema wichtiger ist als die Pflanze. Wir könnten es ja auch ganz anders sehen. Zum Bei-

Er wandert gern und ist in vielen Gegenden zu Hause, so auch in Tirol: der Wilde Beinwell, hier in der violett blühenden Form.

spiel so wie die Biologin und Kräuterkundige Doris Grappendorf, die ganz einfach sagt: »Ist es nicht wunderbar, welche Vielfalt die Natur immer wieder hervorbringt?«[4]

Lawrence D. Hills – ein Pionier der Beinwellforschung

Wer sich intensiver mit Beinwell, Comfrey und Co. befasst, kommt an Lawrence D. Hills (1911–1990) nicht vorbei. Der britische Gartenbaumeister und Autor hat sein Leben dem biodynamischen Gartenbau gewidmet und viel Zeit und Herzblut in den Anbau und die Erforschung des Beinwells gesteckt. In aufwendiger Arbeit hat er Informationen über verschiedene Arten gesammelt, Inhaltsstoffe untersucht, Anbaumethoden getestet und den besten Zeitpunkt für Ernte und Verarbeitung herausgefunden. In seinem Buch »Comfrey« beschreibt Hills (1976/2008) ausführlich den Nutzen seiner Sorten in Garten, Küche, Viehhaltung und Medizin.

1954 gründete Hills eine Forschungsstation für biologischen Gartenbau, die Henry Doubleday Research Association (HDRA). Seinem unermüdlichen Forschergeist sind nicht nur besondere Erkenntnisse, sondern außerdem besondere Beinwellarten zu verdanken, zum Beispiel *Symphytum × uplandicum* 'Bocking No. 4', eine Züchtung, die aufgrund ihres guten Geschmacks und des hohen Eiweißgehalts oft für Speisezwecke, aber auch als Futter für Geflügel verwendet wurde. Eine andere ist *Symphytum × uplandicum* 'Bocking No. 14', die viel Kali und einen besonders hohen Allantoingehalt hat und damit besonders hautheilend und zellregenerierend wirkt.

Insgesamt züchtete Hills 21 Unterarten, die alle nach dem Standort seiner Forschungsstation in der Grafschaft Essex benannt wurden: Bocking. Durchgesetzt haben sich die beiden oben genannten: 'Bocking No. 4' und 'Bocking No. 14'. In vielen US-amerikanischen Kräutergärtnereien gehören sie zum Standard, und auch bei uns sind sie erhältlich.

Unterhaltsam und humorvoll erzählt Lawrence D. Hills, wie die ersten fremden Beinwellarten ihren Weg aus Russland nach Europa fanden. Es muss zwischen 1790 und 1801 gewesen sein, als der englische Landschaftsgärtner Joseph Busch einige Beinwellpflanzen aus Russland in seine alte Heimat England schickte. Busch war zu dieser Zeit Chefgärtner im Palast von St. Petersburg unter Katharina der Großen. Unter anderem schickte er *Symphytum asperrimum* auf die Reise, eine aus dem Kaukasus stammende Art, die später unter *Symphytum asperum* – der Raue Beinwell – bekannt wurde.

Der Raue – *Symphytum asperum*

Diese Art, so schreibt Hills, sei mit fünf Fuß – also etwa 1,50 bis 1,70 Meter – die größte der Gattung (inzwischen schaffen es einige Comfrey-Arten, ihn zu überholen). Es ist eine ausdauernde, ornamentale Pflanze, die mit ihren eindrucksvollen Blüten besonders den Wildgarten ziert. Ab Frühsommer zeigt sie ihr Farbenspiel: Knospen und die jungen Blüten sind zuerst rosa bis dunkelrot und verändern ihre Farbe zunehmend in Richtung himmelblau. Die Kelchblätter – rau und borstig, wie fast alles an dieser Pflanze – sind tief eingeschnitten.

Symphytum asperum wird manchmal auch Kaukasus-Comfrey oder Russischer Beinwell genannt, da dies seine ursprüngliche Heimat ist. Er ist bei Weitem die stacheligste unter den Beinwellarten (lat. *asperum* = das Raue, Unebene), was ihn in der Kräuterküche und beim Vieh eher unbeliebt macht. Jede Unsicherheit beim Bestimmen schwindet, wenn man einfach am Stängel entlangstreicht – ein Reibeisen ist nichts dagegen. Sogar der Flaum der jungen Triebe ist rau wie Schmirgelpapier. Die wechselständigen Blätter sind entlang der Mittelrippe dicht mit Borsten besetzt. Erkennbar ist er außerdem daran, dass die abwärts gebogenen Stängelhaare auf kleinen transparenten Höckern sitzen, die auf den ersten Blick aussehen wie winzige Wassertropfen.

Die Blätter laufen im Gegensatz zum Wilden Beinwell nicht am Stängel herab. Sie sind im unteren Bereich deutlich gestielt, die oberen sind sitzend.

Der Raue Beinwell kann zu einer beeindruckenden Staude heranwachsen.

Der Raue Beinwell, der ursprünglich aus dem Kaukasus und dem nördlichen Iran stammt, hat sich in fast ganz Europa eingebürgert. Bei uns findet man ihn überwiegend in Gärten, hin und wieder auch verwildert.

Steckbrief Rauer Beinwell, *Symphytum asperum* Lepech.
Synonyme: Kaukasus-Comfrey, Russischer Beinwell; *Symphytum asperrimum, Symphytum majus*
Vorkommen: heimisch im Kaukasus, Iran und der Türkei; inzwischen eingebürgert in Ost- und Nordeuropa, Frankreich, Belgien, Österreich und Großbritannien, außerdem Alaska und weiten Teilen der USA; in Deutschland meist in Botanischen Gärten oder als Gartenpflanze, selten wild zu finden
Standort: sonnig, nährstoffreich, in Parks und Botanischen Gärten, Ufersäume
Größe: 100 bis 170 Zentimeter, ausladend breit
Blätter: wechselständig mit schmalen Stielen, eiförmig bis länglich, ganzrandig und ebenfalls stark borstig behaart; **nicht** oder nur kurz am Stängel herablaufend, nicht stängelumfassend; untere Blätter gestielt, die oberen sitzend
Stängel: mit sehr stacheligen, rauen, abwärts gebogenen Borsten besetzt, die erkennbar auf kleinen Höckern sitzen
Blüte: Ende April/Mai bis zum Herbst, Blütenstand anfangs rot, später himmelblau; kurzer Kelch; tief eingeschnittene und 11 bis 20 Millimeter lange Kelchblätter

Der Wilde – *Symphytum officinale*

Der Gewöhnliche oder Wilde Beinwell ist schon lange bei uns heimisch. Von ihm gibt es eine violett blühende und eine cremeweiß blühende Art – und noch einiges dazwischen. Die violett blühende Art findet man häufig unter dem botanischen Namen *Symphytum officinale* ssp. *officinale*, die cremeweiß blühende unter *Symphytum officinale* ssp. *bohemicum* (Böhmischer Beinwell). Unsere »Wilden« werden auch Arznei-Beinwell und Weißer Arznei-Beinwell genannt, weil ihre heilkundliche Verwendung eine Jahrtausende alte Tradition hat. Beide können gleichermaßen verwendet werden.

Gemeinsam ist ihnen, dass die Blätter am Stängel herablaufen, und zwar bis zum nächsten Blattansatz. Sie sind zwei bis drei Millimeter geflügelt, wodurch der Stängel ein kantiges Aussehen bekommt. Dieses Herablaufen ist ein wichtiges Kennzeichen für den Wilden Beinwell, das bei einigen anderen Arten fehlt oder nur schwach ausgeprägt ist.

Die Kelchzipfel sind bis zu drei Viertel ihrer Länge eingeschnitten (beim weißen meist etwas tiefer als beim violettfarbenen). Sie sind sehr schmal und spitz. Noch einen gut sichtbaren Unterschied gibt es zwischen den beiden: Beim dunkel

→ Beim Wilden Beinwell laufen die Blätter deutlich erkennbar am Stängel herab, der dadurch wie geflügelt wirkt.
↓ Die Blüten des Weißen Beinwells sind etwas kürzer und am Kronensaum nicht so stark verengt, wie dies bei der violett blühenden Art der Fall ist.

SEITE 38
←← Man erkennt ihn an den intensiven Farben: Der »Raue« trägt knallrote Knospen und leuchtend blaue Blüten.
← Die Borstenhaare sitzen auf kleinen, transparenten Höckern.

An Wasserläufen und in feuchten Wiesen fühlt sich der Wilde Beinwell wohl, die violett blühende (oben) genauso wie die weiße Art (unten).

SEITE 41
Bienen umschwirren ihn von früh bis spät, er bietet reichlich Pollen und Nektar.

blühenden Beinwell ist die Blütenkrone am Saum deutlich verengt, beim weiß blühenden Beinwell jedoch nicht.

Der Wilde Beinwell blüht unermüdlich vom Frühling bis weit in den Herbst hinein und wird während dieser Zeit von früh bis spät von Hummeln und Bienen umschwirrt. Manche Unterarten schmücken sich mit eher pastellfarbenen Blüten. Dass sie ebenfalls »offizinal« sind, ist erkennbar an den herablaufenden Blättern und geflügelten Stängeln.

Mit dem Rauen und dem Wilden Beinwell haben wir die Eltern einer weiteren Art kennengelernt. Denn aus einer Kreuzung der beiden (*Symphytum asperum* × *Symphytum officinale*) entstand *Symphytum uplandicum*, bei uns als Comfrey bekannt.

Steckbrief Wilder Beinwell (Gewöhnlicher Beinwell),
***Symphytum officinale* L.**
violett blühend: *Symphytum officinale* ssp. *officinale* L.;
cremeweiß blühend: *Symphytum officinale* ssp. *bohemicum* F. W. Schmidt, Celak
Synonyme: Echter Beinwell, Arznei-Beinwell, Gemeiner Beinwell, Wallwurz, Schwarzwurz, Milchwurz, Beinwurz, Bienenkraut, Wundallheil; weißblühende Art: Arznei-Beinwell, Böhmischer Beinwell

Vorkommen: einheimisch in Mitteleuropa, inzwischen weitverbreitet, vor allem in Kanada und den USA, Nordeuropa, Kaukasus, Südostchina
Standort: feuchte Wiesen, Flussufer, Gräben, Wald- und Wegränder, bis etwa 1000 Höhenmeter, sonnig bis halbschattig, am liebsten feucht und nährstoffreich
Größe: 30 bis 100 Zentimeter
Blätter: wechselständig, eiförmig-lanzettlich, deutliche Netzstruktur, beidseitig borstig behaart, vollständig am Stängel herablaufend, ungefähr zwei bis drei Millimeter geflügelt; untere Blätter lang gestielt, bis zu 60 Zentimeter lang und 20 Zentimeter breit; mittlere und obere Blätter sitzend, bis zu 25 Zentimeter lang
Stängel: aufrecht und verzweigt, steif und borstig behaart, deutlich nach unten weisende kleinere und größere Borstenhaare
Der Blütenstängel erscheint schon sehr bald nach den ersten Blättern.
Blüte: Mai bis September/Oktober, Blüte violett (manchmal pastellfarben mit violetten Anteilen) oder cremeweiß bis gelblich, Blütenstand im beinwelltypischen Doppelwickel; Schlundschuppen etwa vier Millimeter lang; etwa drei Millimeter lange Staubfäden, im unteren Bereich fast so breit wie die Staubbeutel; der Kelch etwa ein Viertel so lang wie die Krone; tief eingeschnittene (etwa drei Viertel ihrer Länge) und fünf bis sieben Millimeter lange Kelchzähne
Wurzel: mehrere röhrenartige Einzelwurzeln, die aus einem Wurzelstock kommen; bis zu einem halben Meter lange, manchmal auch deutlich längere Hauptwurzeln
Erkennbare Unterschiede: Die Krone ist bei der cremeweiß blühenden Unterart oft kürzer als beim violett blühenden Beinwell. Der Kronensaum ist beim violett blühenden Beinwell deutlich verengt, beim cremeweiß blühenden jedoch nicht.

Der Vielfältige – *Symphytum uplandicum* (Comfrey)

Symphytum uplandicum taucht oft unter dem Namen Comfrey auf. Dabei ist Comfrey zunächst einmal nichts weiter als die englische Bezeichnung für Beinwell. Das Wort stammt vom altfranzösischen *confire*, was so viel bedeutet wie »bewahren, in gutem Zustand erhalten«. Umgangssprachlich werden mehrere Beinwellarten als Comfrey bezeichnet, was mitunter zu Verwirrung führt. Da hilft es nur, sich am botanischen Namen zu orientieren.

Comfrey oder Futter-Beinwell ist eine beliebte und unkomplizierte Gartenstaude, die inzwischen an vielen Stellen verwildert auftaucht. Sie war ursprünglich im Südkaukasus und auch in Kanada zu Hause. Sie wurde als Futterpflanze für Vieh und Geflügel eingeführt und hat sich in Mitteleuropa weit verbreitet.

Die Blütenfarbe ist anfangs rötlich, später kann sie ins Blaue wechseln. Das hängt jedoch stark von der jeweiligen Sorte ab. Inzwischen kennen wir von *Symphytum uplandicum* viele Unterarten mit unterschiedlicher Blattgröße und Blütenfarbe. So gibt es Comfrey-Arten, die rein pastellfarben blühen, aber auch solche, die sich durch starke Farbunterschiede auszeichnen.

Wie lässt sich der Comfrey nun vom Wilden Beinwell, unserem Arznei-Beinwell, unterscheiden? Zuerst einmal durch seine Größe. Comfrey kann als üppig wachsende Staude fast zwei Meter hoch und fast genauso breit werden. Entsprechend sind auch seine Blätter und der Wurzelstock deutlich größer. Im Frühjahr entwickelt er zuerst viele Wurzelblätter, die groß und kräftig werden, bevor dann ein oder mehrere Blütenstängel erscheinen. Ganz anders beim Wilden Beinwell: Seine Blätter zeigen sich etwas später, doch er bildet schnell einen Blütenstängel aus, dessen erste Knospen schon früh zu sehen sind. Da seine Blätter deutlich schma-

Der dichte, hohe und üppige Wuchs ist typisch für den Comfrey.

Hier lohnt sich der Anflug: Die ersten Comfreyblüten haben längst ihre Samen ausgebildet, doch noch immer kommen neue Blüten nach.

ler und lanzettlicher sind, entwickelt er weniger Blattmasse als der Comfrey (weitere Details zur genauen Unterscheidung sind den Steckbriefen zu entnehmen).

Das Angenehme beim Comfrey ist, dass er nicht ganz so stachelig daherkommt wie sein wilder Bruder. Auf den jungen Blättern fühlt sich die Behaarung noch wie ein feiner, wenngleich etwas störrischer Flaum an. Die Blätter stehen ebenfalls wechselständig am Stängel, doch laufen sie nicht so stark daran herab wie beim *Symphytum officinale*, der Stängel ist nicht oder nur wenig geflügelt.

Comfrey liefert reichlich Kompostiergut und Mulchmaterial für den Garten, fast alle Arten lassen sich mehrmals im Jahr beernten. Wohl auch deshalb ist er ein fester Bestandteil vieler Bauerngärten geworden.

Zudem wird er als Heilpflanze geschätzt und genauso genutzt wie die Wildform. Wurzeln, Blätter und Stängel werden zu Salben oder Tinkturen verarbeitet und als Auflage verwendet. Eine Unterart des *Symphytum uplandicum* hat sogar Medizinkarriere gemacht: Die Züchtung *Symphytum* × *uplandicum* NYMAN 'Harras' ist der sogenannte Trauma-Beinwell, eine für medizinische Zwecke gezüchtete Hochleistungssorte, die EU-Sortenschutz genießt und in Medizinprodukten verarbeitet wird (siehe S. 44 f.).

Von den vielen Züchtungen und Unterarten des *Symphytum uplandicum* sollen drei etwas näher vorgestellt werden.

Symphytum uplandicum 'Bocking No. 4'

Sein Kennzeichen ist der feine Geschmack, er ist der ideale Beinwell für die Küche. Im Garten erträgt er aufgrund seiner tief reichenden Wurzeln, die 250 bis 300 Zentimeter tief reichen können, mehr Trockenheit als andere Arten. Die Blüten sind

Pastellfarbene Blüten, zart und elfenhaft – das ist 'Bocking No. 4'.

SEITE 45
→ Von der Knospe bis zur Blüte vollzieht sich bei 'Bocking No. 14' ein deutlicher Farbwechsel. Die verblühten Kronen bleiben noch lange am Blütenstand hängen.
→→ Eine Comfreysorte mit zart-violettfarbenen Blüten. Die Blätter sind weicher als beim Wilden Beinwell.

anfangs purpur-, später pastellfarben, die Stängel kräftig und stabil. Dennoch wirkt die ganze Pflanze elfenhaft zart und fast elegant.

In US-amerikanischen Gärtnereien wird er auch heute noch als einfach zu kultivierende Futterpflanze für Haus- und Nutztiere angeboten. Bei uns ist er in Kräutergärtnereien zu bekommen.

Symphytum uplandicum 'Bocking No. 14'

Bei dieser Varietät sind die Stängel schlanker und feingliedriger als bei 'Bocking No. 4'. Die Blätter sind spitz und ein klein wenig gezahnt. Die Blüten sind anfangs zart lila und wechseln mit zunehmender Reife zu Blauviolett. Der Proteingehalt in der getrockneten Pflanze liegt bei stolzen 20 bis 30 Prozent (noch etwas höher als bei 'Bocking No. 4'). Auch diese Sorte ist sehr trockenheitsresistent, die Wurzeln reichen 180 bis 240 Zentimeter tief. 'Bocking No. 14' ist besonders reich an Kalium, was ihn zu einem wertvollen Gartendünger macht. Interessant für Heilkunde und Kosmetik: Diese Züchtung enthält außerdem mehr Allantoin als andere Beinwellsorten. Allantoin wirkt stark hautregenerierend, -beruhigend und -pflegend.

Bei beiden Sorten laufen die Blätter deutlich weniger am Stängel herab als beim Wilden Beinwell. Beide überstehen harte Winter ohne Schaden und können selbst mit Hitzewellen umgehen. Die Blätter halten kurze Frostperioden bis zu –25 °C aus, die Wurzeln sogar bis zu –40 °C. Im Sommer überleben sie Hitzeperioden mit fast 50 °C.

Symphytum × uplandicum Nyman 'Harras' – der Trauma-Beinwell

Das ist die Züchtung, die in der Medizinwelt ein so hohes Ansehen erreicht hat und deren Wirksamkeit in zahlreichen Studien belegt ist: der sogenannte Trauma-Beinwell. Er hat hübsche, rotviolette Blüten und wird eigens für die Traumaplant Schmerzcreme ökologisch in Bayern angebaut. Verwendet werden nur die oberir-

dischen, blühenden Teile, nicht aber die Wurzel. Diese Sorte enthält keine oder nur so wenig Pyrrolizidinalkaloide, dass sie unter der Nachweisgrenze liegen.

Steckbrief Comfrey, *Symphytum × uplandicum* Nyman
Hybride aus dem Rauen und dem Wilden Beinwell (*Symphytum asperum* × *Symphytum officinale*)
Synonyme: Futter-Beinwell, Garten-Beinwell
Vorkommen: stammt ursprünglich aus dem Südkaukasus und aus Kanada, inzwischen in Nord- und Mitteleuropa weitverbreitet und ausgewildert
Standort: nährstoffreicher, am besten feuchter Boden, sonnig bis halbschattig, häufige Gartenpflanze, vielfach verwildert anzutreffen; kann bis zu 20 Jahre und älter werden
Größe: bis zu 200 Zentimeter
Blätter: wechselständig, nicht oder wenig herablaufend; obere Blätter sitzend, manchmal stängelumfassend, bei den meisten Sorten deutlich breiter als beim Wilden Beinwell
Im Frühjahr erscheinen zuerst die Wurzelblätter, später erst der Blütenstängel.
Stängel: kräftig und wenig oder nicht geflügelt, Behaarung weicher als beim Gewöhnlichen Beinwell
Der Blütenstängel erscheint später als beim Wilden Beinwell.
Blüte: Mai bis in den Herbst; Blüte anfangs rötlich, später blau oder rosa, pastellfarben, auch andere Farbvariationen, je nach Sorte
Der Kelch ist etwa bis zur Hälfte eingeschnitten. Die Blütenkrone ist unten nicht oder nur wenig verengt.
Wurzel: starker, ausgeprägter Wurzelstock mit zahlreichen langen Einzelwurzeln, je nach Alter der Pflanze.

Der Fremde – *Symphytum peregrinum*

»Der aus der Fremde kam« – so lautet die Übersetzung des botanischen Namens *Symphytum peregrinum,* manchmal wird er auch Russischer Beinwell genannt. Sehr oft wird er gleichgesetzt mit dem Comfrey (*Symphytum uplandicum*). Die IPNI-Datenbank führt ihn allerdings als Synonym des Wilden Beinwells (*Symphytum officinale*). Wahrscheinlich sind die Unterschiede heute kaum noch zu erkennen, und er existiert nicht mehr als eigene Art (deshalb bekommt er in diesem Buch keinen eigenen Pflanzensteckbrief).

Er hat jedoch eine spannende Geschichte, die wiederum mit einem britischen Pflanzenliebhaber zu tun hat. Sie geht auf die Leidenschaft und den Ideenreichtum von Henry Doubleday zurück, nach dem Lawrence D. Hills später seine Forschungsstation benannt hat.

Doubleday war wohl das, was man einen Tausendsassa nennen würde. Um 1870 stellte er in England Klebstoff für Briefmarken her, der aus einer Mischung aus Leim und Gummi arabicum bestand. Unglücklicherweise kam der Nachschub

So könnte er ausgesehen haben, *Symphytum peregrinum,* der Beinwell, der aus der Fremde kam. Heute wird er von der Fachwelt nicht mehr als eigenständige Art eingestuft.

an Gummi arabicum nur sehr unzuverlässig bei ihm an. Als Doubleday auf einen Artikel über Beinwell stieß, der das Stichwort »klebrig-schleimig« enthielt, sah er seine Chance gekommen. Er schrieb dem Chefgärtner im Palast von St. Petersburg und bat um Beinwell. Auch dieses Mal bekamen die Engländer ihre Pflanzen. Wahrscheinlich, so vermutet Hills, waren es die dort geläufigen Arten *Symphytum officinale* und *Symphytum asperrimum* sowie einige Zufallskreuzungen zwischen den beiden. Doubleday züchtete und experimentierte – und nannte eine besonders schöne Sorte *Symphytum peregrinum*.

Zwar wurde nichts aus seinem Traum vom Briefmarkenklebstoff aus Beinwellschleim. Doch da seine Pflanzen überaus wüchsig und vital waren, vermarktete Doubleday sie als Winterfutter fürs Vieh und bewarb eingehend ihre herausragenden Eigenschaften: Mehrere Schnitte seien im Jahr möglich, und sogar Tiere, die den üblichen Beinwell verschmähten, würden das Kraut gerne fressen.

Viel später wurden seine Pflanzen aus England über Kanada bis in die USA exportiert, jedoch nicht unter dem Namen Russischer Beinwell. Damit hätten sie dort wohl nur wenige Freunde gefunden. Da insbesondere die Quäker die Vorzüge dieser Pflanze schätzten, hat sich der Name »Quaker-Comfrey« eingebürgert und bis heute erhalten.

Der Knoten-Beinwell – *Symphytum tuberosum*

Der Knoten-Beinwell ist ein etwas sensibler Waldbewohner, der von West- über Mittel- bis Südeuropa zu finden ist. Er wird auch Knotige Wallwurz oder Dickwurzelige Beinwurz genannt. Auf den britischen Inseln wächst er ebenfalls, weshalb er manchmal auch als Schottischer Beinwell gehandelt wird. In Deutschland wächst er wild eher selten und ist in etwas größeren Beständen nur in den Laubwäldern des Alpenvorlands und im Elbe-Oder-Gebiet zu finden. Häufig kommt er in Österreich vor, daneben in einigen Gegenden des Tessins.

Mit einer Höhe von 20 bis 30 Zentimetern bleibt er deutlich niedriger als der Wilde Beinwell und ist zudem weniger verzweigt. Dafür bildet er unter guten Bedingungen regelrechte Kolonien und kann deshalb als Bodendecker gepflanzt werden. Allerdings braucht auch er nährstoffreichen Boden. Rau und borstig ist er ebenfalls, doch genaues Hinschauen lohnt sich: Seine Borstenhaare stehen waagerecht vom Stängel ab und sind nicht wie beim wilden Beinwell nach unten gerichtet.

Die glockenförmigen Blüten sind gelblich. Er blüht von April bis Mai, und zumeist stehen sechs bis zehn Blüten im beinwelltypischen doppelten Wickel zusammen – deutlich weniger als beim Wilden Beinwell und beim Comfrey. Da er schattige und feuchte Wälder mag, wird es ihm an sonnigen Standorten im Sommer zu heiß. Dann zieht er sich komplett in den Boden zurück, um im Herbst wieder neu auszutreiben.

Sein Wurzelstock ist knotig verdickt. Früher hat man zu Notzeiten die Wurzelstöcke getrocknet, gemahlen und ins Brotmehl gemischt und sie auch als Kaffeeersatz geröstet. Laut Richard Willfort hat *Symphytum tuberosum* die gleichen Inhaltsstoffe wie *Symphytum officinale*, der Arznei-Beinwell (Willfort 1979, S. 71). Er könnte also genauso verwendet werden.

Steckbrief Knoten-Beinwell, *Symphytum tuberosum* L.

Synonyme: Knotige Wallwurz, Dickwurzelige Beinwurz, Schottischer Beinwell

Vorkommen: einheimisch, aber selten in Deutschland, häufiger in Österreich, Frankreich, Spanien und Großbritannien

Standort: lichte Laub- und Mischwälder, schattig bis halbschattig, nährstoffreicher Boden, mäßig feucht bis feucht, mag keine stark sauren Böden

Größe: 20 bis 30 Zentimeter, Bodendecker, bildet unter guten Bedingungen gern Kolonien

Blätter: untere Blätter gestielt, obere sitzend, nur wenig am Stängel herablaufend

Stängel: kaum verzweigt, meist aufrechte, blühende Triebe, behaart, Haare waagerecht vom Stängel abstehend

Blüte: Knospen grünlich-weiß, im April/Mai blassgelbe Blüten, meist sechs bis zehn im Doppelwickel; hat größere Blüten als der verwandte Knollen-Beinwell (*Symphytum bulbosum*); Krone 13 bis 19 Zentimeter lang, Kronzipfel zurückgebogen, Kelch fast bis zum Grund geteilt, Schlundschuppen kürzer als der Kelch

Wurzel: knolliges Rhizom, stärkehaltig, wurde in Notzeiten als Mehlbeimischung oder Kaffeeersatz genutzt

Zartgelbe Blüten und niedriger Wuchs zeichnen den Knoten-Beinwell aus.

Gedeiht am besten im Halbschatten: der Knollen-Beinwell.

Der Knollen-Beinwell – *Symphytum bulbosum*

Der Wurzelstock des Knollen-Beinwells ist eher dünn und mit kugeligen Knollen versehen. Auch er blüht von April bis Mai mit gelblich-weißen Blüten, allerdings sind seine Blüten kleiner als die des Knoten-Beinwells. Und noch ein eindeutiges Unterscheidungsmerkmal gibt es: Die Schlundschuppen, die den Blüteneingang verengen, ragen beim Knollen-Beinwell deutlich aus der Blütenkrone heraus (beim Knoten-Beinwell dagegen nicht). Er kann eine Höhe zwischen 25 und 50 Zentimetern erreichen.

Er mag Halbschatten und eine hohe Luftfeuchtigkeit, milde Winter und gemäßigte Sommer. Der Boden sollte feucht und eher nährstoffreich sein, sehr nasse und ganz trockene Standorte meidet er. In Deutschland ist er nur an wenigen Stellen in Baden-Württemberg zu finden. In Österreich taucht er häufiger auf, außerdem fast im gesamten Mittelmeerraum und am südlichen Zipfel der Schweiz.

Vermutlich kann auch diese Art für Heilzwecke genutzt werden. Darauf deutet zumindest der in Italien gebräuchliche Name hin: *Consolida minore* (kleiner Festiger) wird er dort genannt, im Gegensatz zum echten Beinwell (*Symphytum officinale*), der dort *Consolida maggiore* (größter Festiger) heißt.

Knollen-Beinwell, *Symphytum bulbosum* K.F. Schimp.
Synonyme: Knollige Wallwurz, Kleinblütiger Beinwell
Vorkommen: stammt ursprünglich aus dem Mittelmeerraum, bei uns nur an wenigen Stellen zu finden
Standort: Wald, mag Halbschatten und hohe Luftfeuchtigkeit, feuchten und nährstoffreichen Boden, keine stark sauren Böden
Größe: 25 bis 50 Zentimeter hoch, einfach oder wenig verzweigt
Blätter: untere Blätter gestielt, obere sitzend, nur schwach herablaufend
Stängel: nur sehr wenig verzweigt, fast ausschließlich Blütentriebe
Blüte: gelbliche Blüte zwischen April und Mai, nur 8 bis 11 Millimeter lang; Kelch fast bis zum Grund eingeschnitten, Schlundschuppen deutlich aus der Krone herausragend
Wurzel: kriechendes, dünnes Rhizom mit einzelnen Knollen

Der Sumpf-Beinwell – *Symphytum officinale* ssp. *uliginosum*

Ursprünglich stammt der Sumpf-Beinwell aus Südosteuropa. Er mag es noch feuchter als der wilde Beinwell und fühlt sich in feuchten Hochstaudenfluren, überschwemmten Wiesen und Sümpfen so richtig wohl. Die Blüten sind violett, der Stängel ist im unteren Teil fast kahl, nur weiter oben borstig behaart. Die Blätter laufen nur wenig am Stängel herab (höchstens ein Drittel bis zum nächsten Knoten),

Am kahlen Stängel und an den violettfarbenen Blüten erkennt man den Sumpf-Beinwell.

der Stängel ist ungeflügelt.[5] Die ganze Pflanze wird zwischen 30 und 100 Zentimeter hoch. Man findet ihn sehr selten in Deutschland, jedoch häufig in Österreich, Italien und Osteuropa. Der Sumpf-Beinwell wird auch Wasser-Arznei-Beinwell genannt.

Steckbrief Sumpf-Beinwell, *Symphytum officinale* ssp. *uliginosum*, (A. Kern.) Nyman
Synonyme: Wasser-Arznei-Beinwell, *Symphytum tanaicense* Steven
Vorkommen: ursprünglich in Österreich, Schweiz und Südosteuropa beheimatet, in Deutschland selten
Standort: feuchte Hochstaudenfluren, überschwemmte Wiesen und Sümpfe
Größe: 30 bis 100 Zentimeter
Blätter: wechselständig; obere Blätter behaart mit auf kleinen Höckern sitzenden Borsten, zudem auf den Blattrippen an der Blattunterseite deutlich behaart; wenig und nicht bis zum nächsten Knoten herablaufende Blätter
Stängel: im unteren Teil fast kahl, glänzend, nur weiter oben borstig behaart, Borsten auch hier auf kleinen Höckern sitzend; nur schwach oder gar nicht geflügelt
Blüte: ausschließlich violette Blüten, Kelchblätter deutlich abstehend

Der Kaukasus-Beinwell – *Symphytum caucasicum*

Der Kaukasus-Beinwell wird 40 bis 60 Zentimeter hoch und blüht in einem blassen bis kräftigen Blau. Wie der Name sagt, stammt er aus dem Kaukasus und ist in Deutschland hauptsächlich als Zierpflanze im Handel. Inzwischen findet man ihn an manchen Stellen auch schon ausgewildert, oft kann er sich jedoch nicht lange halten. In Deutschland taucht er in Sachsen häufiger auf.

Auch er beginnt mit rosafarbenen Blüten, die später ins Blaue wechseln. Die Blätter laufen etwas, aber nicht sehr stark am Stängel herab. Die oberen und mittleren Stängelblätter sind sitzend.

Er hat einige Merkmale, an denen man ihn gut erkennen und unterscheiden kann. So hat die Blattunterseite eine weiche, graue Behaarung. Das Blatt ist zudem insgesamt weicher als das des Wilden Beinwells und des Comfreys. Außerdem ist sein Kelch nur zu einem Viertel bis maximal zur Hälfte eingeschnitten, also weniger stark als beim Wilden Beinwell und beim Comfrey.

Interessanterweise sind beim Kaukasus-Beinwell zumeist keine Bissstellen in den Kronenglöckchen zu finden. Bienen und kurzrüsselige Hummeln müssen nicht erst ein Loch in den Kelch beißen, um zu räubern. Da sich die Blüte am Saum weit öffnet und zudem kürzer ist als bei anderen Beinwellarten, kommen auch Erdhummeln und Bienen problemlos an Nektar und Pollen heran.[6]

Der Kaukasus-Beinwell kam als Gartenpflanze zu uns und ist heute verwildert zu finden.

Steckbrief Kaukasus-Beinwell, *Symphytum caucasicum* M. Bieb.
Synonyme: Blauer Beinwell, Azurblauer Beinwell
Vorkommen: Neophyt, heimisch im Nordkaukasus, Russland, inzwischen weitverbreitet in Großbritannien und Tschechien, in Deutschland als Zierpflanze kultiviert, stellenweise verwildert
Standort: nährstoffreicher Boden, nicht zu trocken, Sonne bis Halbschatten
Wuchshöhe: 40 bis 60 Zentimeter
Blätter: laufen etwas, aber nicht stark am Stängel herab, obere und mittlere Stängelblätter sitzend; weiche und grau behaarte Blattunterseite, weicher als beim Wilden Beinwell und beim Comfrey
Stängel: wenig oder nicht geflügelt; dichte, kurze Borsten
Blüte: Mai bis August, anfangs rote, später blaue Blüten; Kelch zu einem Viertel bis maximal zur Hälfte eingeschnitten; Blütenkronen am Saum weit geöffnet und kürzer als beim Wilden Beinwell und beim Comfrey, deshalb meist keine Bissstellen (kein Nektarraub)

Der Bodendecker – *Symphytum grandiflorum*

Der Kleine Kaukasus-Beinwell (*Symphytum grandiflorum*) ist ein idealer Bodendecker, da er robust, anspruchslos und wuchsfreudig ist. Auch diese niedrig wachsende Art hat wunderschöne Blüten, die – das kennen wir schon beim Beinwell – im eigenartigen Kontrast zu den derben Blättern stehen. Wie sein Name »grandiflorum« sagt, sind seine Blüten größer als bei den anderen Arten.

Er wird zwischen 15 und 40 Zentimeter hoch, ist sehr winterhart und begnügt sich mit Halbschatten, mag aber ebenso sonnige Plätze. Es gibt ihn in verschiedenen Variationen, manche kommen sogar mit Trockenheit gut zurecht.

In seiner ursprünglichen, wilden Form hat er cremeweiße Blüten, die im April und Mai erscheinen. Wenn er danach zurückgeschnitten wird, treibt er neu aus und blüht im Herbst noch einmal. Er bietet ein besonderes Farbenspiel: Die Blütenstände sind anfangs purpurrot, erst beim Öffnen bekommen sie ihre spätere, helle Farbe.

Züchtungen des Kleinen Kaukasus-Beinwells haben schon in vielen Gärten ein Zuhause gefunden. Möglicherweise sind diese Sorten ebenfalls heilkräftig, allerdings ist über ihre Inhaltsstoffe (noch) nichts bekannt. Hier ist eine kleine Auswahl.

Symphytum grandiflorum 'Hidcote Blue'

Eine Sorte mit zartblauen Blüten. Auch bei dieser Art sind sie im Knospenstadium rötlich.

Ein hübsches Farbenspiel: 'Hidcote Blue' trägt rote Knospen und blau-weiße Blüten.

Symphytum grandiflorum 'Blaue Glocken'

Diese Art eignet sich gut zur Kombination mit anderen Bodendeckern, da sie sich nicht so stark verbreitet wie die beiden erstgenannten. Sie erreicht eine Höhe zwischen 30 bis 40 Zentimetern, ansonsten wie oben.

Symphytum grandiflorum 'Miraculum'

Die Blütenfarbe wechselt von Rot über Hellblau bis fast Weiß beim Verblühen – ein ausdrucksvolles Farbenspiel, das immer wieder begeistert. Mit 40 bis 50 Zentimetern wird er recht hoch. Zudem ist er kein »Verdränger« im Gartenbeet, sondern verträgt sich gut mit anderen Arten.

Unter guten Bedingungen bildet *Symphytum grandiflorum* dichte Teppiche. Mit ihren hellen Blüten ist diese Art ideal für halbschattige Gartenecken.

SEITE 54
Auch er ist ein niedriger Bodendecker mit dekorativen Blüten: der Großblütige Beinwell 'Blaue Glocken'.

Steckbrief Kleiner Kaukasus-Beinwell, *Symphytum grandiflorum* DC.
Synonyme: Großblütiger Beinwell, manchmal auch als *Symphytum ibericum* STEV. bezeichnet (dieser hat etwas kürzere Blütenkelche)
Vorkommen: heimisch im Nord- und Südkaukasus, bei uns ein Neophyt, inzwischen bis Irland verbreitet, in Deutschland als Zier- und Gartenpflanze kultiviert; ausdauernd
Standort: nährstoffreicher Boden, kommt auch mit Trockenheit zurecht; Sonne bis Halbschatten
Wuchshöhe: 15 bis 40 Zentimeter
Blätter: eiförmig, nicht am Stängel herablaufend, deutliche Netzstruktur
Stängel: aufrechte, blühende Triebe, nicht verzweigt, wenig behaart, Borsten waagerecht abstehend
Blüte: April und Mai, Blüte anfangs purpurrot dann gelblich-weiß. Krone 20 bis 24 Millimeter lang, Kronzipfel nicht zurückgebogen, der Kelch über die Hälfte eingeschnitten, etwa sechs bis acht Millimeter lang
Vom Kleinen Kaukasus-Beinwell gibt es zahlreiche Züchtungen mit verschiedenfarbigen, dekorativen Blütenständen.

Inhaltsstoffe

Kieselsäure, Allantoin, Schleime und Gerbstoffe – das sind die wichtigsten Inhaltsstoffe im Beinwell und wahrscheinlich diejenigen, denen er seine Karriere als Knochen- und Wundheiler verdankt. Darüber hinaus enthält er zahlreiche weitere Wirkstoffe, und die Wissenschaft hat noch längst nicht alle entdeckt.

Inzwischen wird Beinwell nicht nur für medizinische, sondern ebenfalls in Bezug auf ganz andere Anwendungen erforscht: Er ist als potenzielles Konservierungsmittel für Lebensmittel im Gespräch, da seine Wurzelextrakte stark antioxidativ wirken, stärker noch als Ascorbinsäure. Man führt dies auf die Flavonoide und Phenolsäuren zurück. Eines seiner Alkaloide – so sehr sie in der Kritik stehen mögen – hat eine hohe antimikrobielle und stark pilzhemmende Breitbandwirkung gezeigt. Und Blätterextrakte hatten eine starke Wirkung gegen pathogene Bakterienstämme wie Staphylococcus aureus, Salmonella typhi und einige andere. Auch hier werden die Phenolsäuren als Wirkstoff vermutet (Salehi et al. 2019, S. 10 f.). Wahrscheinlich ist es – wie so oft – das Zusammenspiel verschiedener Komponenten, das die Wirksamkeit ausmacht.

Kieselsäure

Die Kieselsäure ist es, die seine Haare zu Borsten werden lässt und den Blättern ihre raue Struktur verleiht. Sie ist typisch für die Familie der Raublattgewächse. Im Fall des Beinwells handelt es sich um eine Monokieselsäure, eine schwache Säure, die vom Körper gut verwertet werden kann. Bis zu vier Prozent davon enthält Beinwell, zum großen Teil in einer gut wasserlöslichen Form.

Wir finden sie hauptsächlich in den oberirdischen Pflanzenteilen, den höchsten Gehalt erreicht sie in den Blättern im August. Kieselsäure festigt die Pflanze und hilft ihr, mehr Licht aufzunehmen. Sie hat das Bestreben, die Pflanze »mit

Form und Licht zu durchdringen«, schreibt Susanne Fischer-Rizzi (2021, S. 38), und sie führt weiter aus: »Sie kann dieses Bestreben bis auf die Spitze treiben, ganz wörtlich genommen, bildet sie spitze leichte Formen, besonders an der Peripherie. Beim Beinwell sind dies die unzähligen scharfen Borsten am Stängel und an den Blättern.«

Kieselsäure kommt in ganz verschiedenen Formen vor: von flüssig bis fest, vom Gel bis zum Bergkristall. Mit ihrer Hilfe wirkt der Beinwell in diese scheinbar gegensätzlichen Richtungen: Er festigt und strukturiert, kann aber auch flexibel und geschmeidig machen. Er stärkt Bänder und Sehnen, kann aber auch abschwellend wirken und sogar Blutergüsse auflösen.

Der menschliche Körper braucht Kieselsäure, um Knorpel und kollagene Fasern zu bilden. Im Bindegewebe, auch im Knochen- und Knorpelgewebe, hält sie die Gefäßwände elastisch und gleichzeitig stabil. Bindegewebsschwäche, aber auch Gefäßerkrankungen gehören deshalb zu den Einsatzgebieten des Beinwells, genauso wie Gelenkbeschwerden und rheumatische Erkrankungen. Auch zur Geweberegeneration trägt die Kieselsäure bei, das macht sie so wertvoll bei Verletzungen, Verstauchungen, Prellungen und Quetschungen. Darüber hinaus stärkt sie Haare und Nägel.

Weitere Anwendungen waren in früherer Zeit die Stärkung des Lungengewebes, zum Beispiel bei chronischer Bronchitis, Tuberkulose und anderen Lungenerkrankungen. Hier scheint die Kieselsäure die Bildung der Fibroblasten anzuregen. Diese Zellen sind unter anderem dafür zuständig, dass neue Bindegewebsfasern gebildet werden.

Allantoin

Allantoin regeneriert und glättet die Haut, regt das Wachstum neuer Zellen an. Es ist ein gefragter Stoff in der Schönheitspflege und in Anti-Aging-Produkten. Seine Entdeckungsgeschichte hat diesen Einsatz allerdings zunächst nicht vermuten lassen. Sie geht auf den Leibarzt Napoleons I., Dominique Jean Larrey, zurück. Er soll Fliegenlarven benutzt haben, um eitrige Wunden zu behandeln.

Möglicherweise hatte er beobachtet, dass die Wunden von Tieren besser heilen, wenn sich Fliegenlarven darin einnisten. Auch den Heilern der amerikanischen Ureinwohner wird nachgesagt, dass sie Verletzte erfolgreich auf diese Weise behandelten. Heute wissen wir, dass die Larven von *Lucilia sericata*, einer Goldfliegenart, eine Wunde so fein und schnell säubern können, wie es keinem Arzt möglich wäre, indem sie das abgestorbene Gewebe punktgenau auffressen. Dabei scheiden sie einen Stoff aus, der bei der Wundheilung kleine Wunder vollbringt: das Allantoin. Seit vielen Jahren wird genau diese Methode – etwas verfeinert – auch in deutschen Krankenhäusern zur Reinigung schlecht heilender Wunden eingesetzt.

Allantoin kommt auch in Pflanzen vor, wo es der Stickstoffspeicherung dient: im Sanikel, der Schwarzwurzel, in Weizen- und Sojakeimen, der Rinde der Rosskastanie sowie in vergleichsweise großer Menge im Beinwell.

Was passiert nun genau bei der Wundheilung? Allantoin verflüssigt die Wundsekrete, wodurch Keime und Giftstoffe besser ausgespült werden. Es wirkt osmotisch und zieht Flüssigkeit aus der Wunde. Bakterien wird der Nährboden entzogen, und die Zersetzungsprodukte können besser abtransportiert werden. Die Zahl der weißen Blutkörperchen steigt an (Leukozytose), die Zahl der Eitererreger nimmt ab.

Allantoin wirkt kühlend und abschwellend, zusammen mit dem Inhaltsstoff Cholin sorgt es für einen schnellen Rückgang von Schmerz und Schwellung. Verletztes Gewebe heilt mit Allantoin deutlich schneller. Dazu gehören die Zellen der Oberhaut genauso wie die von Schleim- und Knochenhäuten. Über der Wunde bildet sich rasch die erste, feine Haut, das sogenannte Granulationsgewebe. Bei einem Knochenbruch regt Allantoin die Kallusbildung an; das ist das Gewebe, das den Spalt zwischen den Knochenteilen schließt.

Als erster hat der Engländer Charles J. MacAlister 1936 Allantoin als isolierten Wirkstoff beschrieben. Er vermutete, dass es hormonähnlich wirkt und überprüfte dies, indem er eine 0,4-prozentige Allantoinlösung in eine Hyazinthenknolle injizierte. Tatsächlich wuchs und blühte die Pflanze daraufhin deutlich schneller. Er fand zudem heraus, dass Pflanzen einen Allantoinvorrat in ihren Wurzeln speichern können (Kothmann 2003, S. 23).

Beinwell enthält sehr viel Allantoin. Es kommt in allen Pflanzenteilen vor – in Wurzel, Blatt, Stängel, Knospe und Blüte. Der Gehalt variiert je nach Jahreszeit und Standort. Zwischen Oktober und November sowie zwischen Januar und März ist der Gehalt in der Wurzel (bis zu 3 Prozent) am höchsten. Dann sinkt er bis zum Sommer auf 0,1 Prozent. Parallel dazu steigt ab April der Allantoingehalt im oberirdischen Teil an (Bühring 2020, S. 69 f.).

Kurz vor und während der Blütezeit enthalten Stängel, Knospen, Blüten und junge Triebe bis zu 1,3 Prozent, Blätter zwischen 0,15 und 0,45 Prozent Allantoin. Aus diesem Grund wird das Beinwellkraut während der Blüte geerntet, wenn es für medizinische Zwecke verwendet werden soll (Bühring et al. 2015, S. 197).

Heute wird Allantoin als isolierte Einzelsubstanz Hautcremes und Sonnenschutzmitteln, Zahncremes und Rasierwasser zugesetzt. Allerdings hat das im Beinwell natürlich vorkommende Allantoin eine deutlich stärkere Heilwirkung als die synthetisch hergestellten Produkte (Bühring 2020, S. 69).

Das wusste auch schon der Pflanzenbiologe Richard Willfort, der 1959 (S. 68) schrieb: »Da das rein chemisch hergestellte Allantoin die Wundheilung nicht anregt und schon gar nicht eitrige Wunden zum natürlichen Abheilen bringen kann, kann mit Recht geschlossen werden, dass in dem Allantoin der Beinwurz nicht wägbare biologische Kräfte enthalten sind, die in chemischen, anorganischen Produkten fehlen.«

Allantoin ist hitzebeständig, verträgt sich aber nicht mit Metall. Es kann zu Zersetzungsreaktionen kommen, weshalb Beinwell und daraus hergestellte Heilmittel nicht in Metallgefäßen aufbewahrt werden sollten.

Schleimstoffe

Den meisten Schleim enthält der Beinwell in der Wurzel, zwischen 30 und 50 Prozent (Mayer et al. 2002, S. 55). Man spürt ihn deutlich, wenn man einmal ein Stückchen Wurzel oder einen Blattstiel anschneidet.

In der Pflanzenheilkunde haben Schleime viele wohltuende Effekte: Sie überziehen Haut und Schleimhaut mit einem Schutzfilm, der den Juckreiz stillt, beruhigend und abschwellend wirkt. Sie sind entzündungshemmend und immunstärkend. Da die Nervenenden leicht betäubt werden, tritt außerdem eine Schmerzlinderung ein. Schleime quellen im Wasser auf und binden es. Deshalb sind sie gut geeignet als Wärmespeicher für Packungen und Umschläge. Ähnlich wie Allantoin helfen sie dem Körper, Giftstoffe aus der Wunde abzutransportieren. Die entgiftende Wirkung wurde früher zudem bei Bisswunden genutzt. In der Kosmetik unterstützt sie Anwendungen bei Akne, Mitessern und Hautunreinheiten.

Lange Zeit galt in der Phytotherapie, dass Schleimstoffe nicht hitzestabil sind und deshalb kalt ausgezogen werden müssen. Inzwischen weiß man, dass langkettige Polysaccharide – also auch der Beinwellschleim – wesentlich mehr Hitze vertragen als angenommen (Länger 2007, S. 13). Das könnte erklären, warum die Heilkundigen in früheren Zeiten so gute Erfolge mit stark erhitzten und gekochten Beinwellanwendungen erzielt haben.

Beinwellschleim enthält viel **Lysin.** Die basische Aminosäure ist an der Bildung von Hormonen und Antikörpern sowie Kollagen beteiligt. Und sie unterstützt den Körper, Kalzium aus dem Darm aufzunehmen und in Zähnen und Knochen zu speichern. Untersuchungen zeigen, dass Lysin auch die Heilung von Lippenbläschen durch Herpes beschleunigt.

Daneben wusste das Handwerk den Schleim zu nutzen Gerber haben damit das Leder geschmeidig gemacht, Weber und Spinner haben harten Fasern damit mehr Elastizität verliehen (Fischer-Rizzi 2021, S. 39).

Gerbstoffe und Phenolsäuren

Die Gerbstoffe in Blättern und Wurzeln des Beinwells tragen wesentlich zum blutstillenden Effekt der Pflanze bei, sowohl bei äußerlicher als auch – in früheren Zeiten – bei innerlicher Anwendung. Die alten Kräuterkundigen verschrieben Beinwellanwendungen bei zu starker Menstruation und bei Entzündungen der Magen- und der Darmschleimhaut. Heilend wirken die Gerbstoffe hier in Verbindung mit den Schleimstoffen.

Im Allgemeinen wirken Gerbstoffe entzündungshemmend und schützen gegen Keime, indem sie die Blutgefäße der Haut verengen. Das Gewebe verdichtet sich, es bildet sich eine Art Barriere gegen Infektionserreger. Die Zellen werden widerstandsfähiger, und durch die Trockenheit und geringere Durchblutung des Gewebes tritt eine leichte Betäubung, also Schmerzstillung, ein. Es wird weniger Wundsekret ausgeschieden, gleichzeitig werden weniger giftige Zersetzungsprodukte aus der Wunde aufgenommen. Gerbstoffe können zudem gegen Viren, Bakterien und Pilze wirksam sein.

Verschiedene Phenolsäuren finden wir im Beinwell, darunter die **Rosmarinsäure**. Sie heißt so, weil sie zuerst aus den Blättern des Rosmarins isoliert wurde. Ihr wird ein großer Teil der entzündungshemmenden und schmerzlindernden Eigenschaften des Beinwells zugeschrieben. Im menschlichen Körper wirkt sie antiviral, antibakteriell und antioxidativ. Nach neueren Studien soll sie zudem ausgleichend auf den Blutzuckerspiegel wirken. Beinwell enthält außerdem die Phenolsäuren Kaffee-, Chlorogen- und Lithospermsäure.

Chlorophyll

Der grüne Farbstoff unterstützt die Pflanze dabei, das Sonnenlicht einzufangen und in Energie und organische Substanzen umzuwandeln. Je dunkelgrüner ein Blatt ist, desto mehr Chlorophyll beinhaltet es. Beinwell enthält vergleichsweise viel davon. Im menschlichen Körper hilft das Chlorophyll, Sauerstoff anzureichern und Schwermetalle wie Blei oder Quecksilber auszuleiten. Es wirkt antioxidativ, hat einen zellschützenden Effekt, beruhigt die Haut und erhöht ihre Widerstandsfähigkeit.

Proteine

Sie sind nötig für den Erhalt der Körperzellen und deren Wachstum, außerdem für den Zellstoffwechsel. Beinwell enthält so viel davon, dass er zeitweise als vielversprechender Eiweißlieferant für Mensch und Tier im Gespräch war. Vor allem, da es sich um ein biologisch hochwertiges Eiweiß handelt, das mit dem tierischen vergleichbar ist. Rund fünf Prozent Eiweiß enthalten die frischen Blätter, in der Trockenmasse sind es bis zu 30 Prozent. Das ist rund siebenmal mehr als in Soja enthalten ist.

Unter den Aminosäuren im Beinwell wurde auch die **Gamma-Aminobuttersäure** (GABA) gefunden (Blaschek 2016, S. 629). Das ist ein Neurotransmitter, der verhindert, dass bestimmte Nervenimpulse im Gehirn ausgelöst beziehungsweise zu stark werden. Ist der GABA-Spiegel ausgeglichen, erzeugt dies ein Gefühl von Ruhe. Stress und Angst nehmen ab. Beinwell enthält Spuren dieses Stoffes in der Wurzel.

Cholin

Früher wurde Cholin als Vitamin B4 bezeichnet, heute spricht man von einer vitaminähnlichen Substanz. Es ist in Medikamenten zur Behandlung von Leberschäden, zum Beispiel der Fettleber, enthalten. Dabei nutzt man seine durchblutungsfördernde Wirkung auf das Lebergewebe.

Beim Beinwell enthalten die Wurzeln und die Blätter Cholin. Es fördert die Wundheilung, indem es die Arteriolen – die kleinen Arterien – erweitert, wodurch das Gewebe besser durchblutet wird. Gleichzeitig dichtet es die Gefäße ab, sodass weniger Gewebeflüssigkeit austreten kann. Besonders stark ist dieser Effekt bei heißen Breiumschlägen – ein Rezept, das in alten Büchern sehr häufig auftaucht. Bei dieser Anwendung steigt zudem die Zahl der roten Blutkörperchen (Flamm et al. 1949, S. 46 f.), die vor allem für den Transport von Sauerstoff ins Gewebe verantwortlich sind. Dass auch Blutergüsse schneller abheilen, macht den Beinwell so wertvoll bei blauen Flecken, Quetschungen und schweren Prellungen.

Cholin wirkt außerdem auf den Parasympathikus: Es verlangsamt den Puls und senkt den Blutdruck, was wiederum zur blutstillenden Wirkung beiträgt. Auch Ödemen wird vorgebeugt.

Vitamine

Im Beinwell wurden nachgewiesen: Vitamin A (Retinol), Vitamin B1 (Thiamin), Vitamin B2 (Riboflavin), Vitamin B3 (Nikotinsäure), Vitamin B5 (Pantothensäure), außerdem Karotin, viel Vitamin C (laut Hills 100 mg Vitamin C pro 100 g Beinwellblätter; zum Vergleich: Kopfsalat enthält knapp 7 mg, Wirsing etwa 49 mg pro 100 g) und Vitamin E (Tocopherol).

Vitamin B_{12}

Immer wieder taucht in der Literatur der Hinweis auf, dass Beinwell Vitamin B_{12} enthält. Nach neueren Erkenntnissen kann B_{12} jedoch nur von Mikroorganismen hergestellt werden. Diese kommen in der Erde vor und haften als Biofilm auf der Pflanze, von der Wurzel bis zur Blüte. Dies ist jedoch nicht nur beim Beinwell so, sondern bei allen Pflanzen, die unter natürlichen Bedingungen wachsen können.

Allgemein gelten tierische Lebensmittel als Hauptlieferant von Vitamin B_{12} für den Menschen, da Tiere diese Mikroorganismen mit dem Futter aufnehmen und das mit ihrer Hilfe produzierte Vitamin B_{12} in Leber und Muskeln anreichern.

Allerdings sind genau diese Mikroorganismen in Spuren auch im menschlichen Körper zu finden. Im Dickdarm helfen sie der Darmflora dabei, das wichtige Vitamin B_{12} selbst zu bauen. Das bedeutet: Je mehr wir von den Mikroorganismen zu uns nehmen, desto besser kann unser Darm Vitamin B_{12} herstellen. Aus Indien ist von bestimmten Personengruppen bekannt, dass es trotz veganer Ernährung keine Vitamin-B_{12}-Unterversorgung gab. Jedoch trat sie auf, nachdem diese Menschen nach England ausgewandert waren. »Als Ursache wurde die Hygiene ausgemacht, das heißt, es fehlten anhaftende mikrobielle und tierische Zellen (z. B. von Insekten) mit etwas Vitamin B_{12}« (Kühne 2015, S. 46).

Es hängt also auch von der Art der Ernährung, unter anderem vom Rohkostanteil ab, ob unser Dickdarm selbst genügend Vitamin B_{12} herstellen kann oder auf eine zusätzliche Quelle angewiesen ist (es müssen noch einige andere Faktoren stimmen, aber dies ist die Voraussetzung dafür). Wer sich pflanzlich ernährt, nimmt ganz automatisch die Mikroorganismen auf, wenn sich zum Beispiel noch Erdreste oder ein Biofilm auf der Nahrung befinden. Deshalb kann es durchaus sinnvoll sein, Wildkräuter vor dem Verzehr nicht zu waschen. Voraussetzung ist, dass sie an einer sauberen, ungespritzten Stelle gesammelt wurden.

Mineralstoffe und Spurenelemente

Beinwell ist reich an **Kalium**, das den Stoffwechsel von Nerven-, Hirn- und Muskelzellen anregt und die Bildung von roten Blutkörperchen unterstützt. Genauso gut wie der Mensch kann der Gartenboden das Kalium aus den Beinwellblättern gebrauchen (siehe S. 183 ff.). Er enthält auch **Kalzium**, das das Wachstum und den Erhalt der Knochen fördert und die Blutgerinnung unterstützt.

Außerdem wurden Eisen, Kobalt, Magnesium, Mangan und Phosphor im Beinwell gefunden.

Weitere Inhaltsstoffe

In der Wurzel befinden sich antibakteriell wirkende **Triterpensaponine** (Symphytoxid A), Flavonoide und ein entzündungshemmendes **Glykopeptid**. Außerdem wurden – ebenfalls in der Wurzel – **Phytosterine** (Sitosterol) nachgewiesen, die zur Cholesterinsenkung eingesetzt werden. Beim Beinwell dürfte allerdings eher ihre beruhigende Wirkung auf gereizte Haut eine Rolle spielen. Außerdem finden sich Spuren von ätherischem Öl in den Blättern (antibakteriell).

Pyrrolizidinalkaloide

Pyrrolizidinalkaloide (PA) sind sekundäre Pflanzenstoffe, die in mindestens 13 Pflanzenfamilien vorkommen. Biologen gehen davon aus, dass sie als Fraßschutz gebildet werden. Es gibt sie in allen Raublattgewächsen, zu denen unter anderem Beinwell und Borretsch gehören, in einigen Korbblütlern, besonders in den Greiskräutern (*Senecio*-Arten), in Hülsenfrüchtlern (*Crotalaria*-Arten) sowie in Orchideen.

PA sind 1968 in Japan entdeckt worden. Weltweit wurden über 660 verschiedene PA und ihre Aminoxide (N-Oxide) in etwa 350 Pflanzenarten nachgewiesen, in etwa 6000 Pflanzenarten werden sie vermutet. Nur etwa die Hälfte der bisher gefundenen PA sind toxisch und dies in sehr unterschiedlichem Maße.

Im Beinwell werden PA hauptsächlich in der Wurzel gebildet und gespeichert, von dort aber auch in Blätter und Blüten transportiert. Ein Forscherteam hat herausgefunden, dass es einen zweiten Ort gibt, an dem die Pflanze PA bilden kann: Kurz vor der Blüte geschieht dies in den kleinen Blättern direkt unterhalb des Blütenstands. Von dort gelangen sie in die Blüte. Dies geschehe offenbar, um die Blüten optimal vor Fraßfeinden zu schützen, vermutet der federführende Wissenschaftler der Studie, Lars Hendrik Kruse (Kruse et al. 2017).

Normalerweise ist der PA-Gehalt in der Wurzel am höchsten, außerdem in Blüten und Samen. Das kann jedoch stark variieren und hängt unter anderem von Standort, Jahreszeit, Alter der Pflanze, UV-Einstrahlung (je stärker, desto mehr), aber auch vom Stress ab, dem die Pflanze ausgesetzt ist.

Stress kann durch intensive UV-Einstrahlung, Wassermangel oder auch Tierfraß entstehen, so der Wissenschaftler und Pharmakologe Helmut Wiedenfeld: Fresse ein Tier Blätter einer Pflanze, so könne deren PA-Gehalt innerhalb von Stunden um ein Vielfaches ansteigen.[7]

In den Wurzeln des Wilden Beinwells (*Symphytum officinale*) konnten bis zu 23 verschiedene PA nachgewiesen werden, darunter Lycopsamin und sein Isomer Intermedin sowie deren Azetylderivate, außerdem Symphytin, ein für Beinwell charakteristisches PA, Echimidin, Symviridin und andere (Salehi et al. 2019, S. 7). Die im Beinwell enthaltenen PA gelten als deutlich weniger toxisch als etwa die in *Senecio*- (Greiskräutern) oder *Heliotropium*-Arten gefundenen.

Die PA im Beinwell sind gut wasser- und alkohollöslich, sie lösen sich schlecht in Öl.

Seit 1996 gibt es PA-freie Beinwellzüchtungen, die für therapeutische Anwendungen wie Cremes und Salben verwendet werden. Außerdem gibt es Herstellungsverfahren, durch die der PA-Gehalt unterhalb der Nachweisgrenze liegt.

Die Diskussion um die Pyrrolizidinalkaloide

In der Vergangenheit hat es immer wieder Fälle gegeben, in denen sich Menschen mit Pflanzen geschadet haben, die PA enthalten. Ein bekanntes Beispiel sind

Lebensmittelvergiftungen in den 1970er-Jahren in Afghanistan, bei denen mehrere Tausend Menschen betroffen waren. Auch in Indien gab es Vergiftungsfälle. Das zur Herstellung von Teigfladen verwendete Mehl war mit Samen von Sonnenwenden (*Heliotropium popovii*) – Raublattgewächse mit hohem Alkaloidgehalt – verunreinigt. Die Erkrankten hatten das verunreinigte Getreide über einen Zeitraum von sechs beziehungsweise zwei Monaten zu sich genommen.[8]

Sonnenwenden und Beinwell gehören zu derselben Pflanzenfamilie, beide enthalten PA, allerdings mit einer unterschiedlichen chemischen Struktur. In beiden Vergiftungsfällen werden als Hauptalkaloide Heliotrin beziehungsweise Crotananin und Crotaburmin angegeben (BfR 2020, S. 13).

Und der Beinwell? Obwohl er seit über 2000 Jahren gegessen und medizinisch verwendet wird, sind Ereignisse dieser Art von ihm nicht überliefert. Die Alkaloide, die in Afghanistan und Indien für die Vergiftungen verantwortlich gewesen sein sollen, beinhaltet er nicht. Ein Freispruch ist das dennoch nicht. Deshalb müssen wir genauer hinschauen.

Nicht alle sind gleich toxisch

Nicht alle PA sind problematisch, nur etwa die Hälfte gelten als toxisch. Ihre Giftigkeit ist von verschiedenen Faktoren abhängig, dazu gehört, dass sie ein ungesättigtes Necingrundgerüst aufweisen, man spricht von 1,2-ungesättigten PA.

Dabei sind es nicht die Stoffe an sich, die toxisch wirken, sondern Stoffwechselprodukte, die daraus im Körper gebildet werden, sogenannte Pyrrolmetaboliten. Die Umwandlung geschieht in der Leber, wo sich die Metaboliten unter bestimmten Bedingungen an Desoxy- (DNA) und Ribonukleinsäure (RNA) sowie andere Proteine binden können. Die Leber ist deshalb als Organ besonders gefährdet. So kann bei Verzehr bestimmter PA die Lebervenenverschlusskrankheit auftreten, die mit schweren Leberschäden verbunden sein kann. In Tierversuchen wurde für 1,2-ungesättigte PA außerdem ein erbgutveränderndes und krebserzeugendes Potenzial nachgewiesen (BfR 2020, S. 13).

Auch in der Gruppe der toxischen PA gibt es große Unterschiede. Das macht es so schwer, den Beinwell mit dem Jakobskreuzkraut oder anderen, deutlich giftiger wirkenden Pflanzen zu vergleichen. Dennoch werden sie oft in einem Atemzug genannt und ohne Unterscheidung als toxisch oder kanzerogen eingestuft.

Der Grund ist recht einfach: Für das krebserzeugende Potenzial fehlt es an aussagekräftigen Studien für die unterschiedlichen PA. Deshalb orientiert sich die Risikobewertung für die gesamte Gruppe an ihren giftigsten Vertretern. So schreibt die Europäische Behörde für Lebensmittelsicherheit (EFSA): »Mangels toxikologischer Daten für die meisten 1,2-ungesättigten Pyrrolizidinalkaloide wurden für die Schätzung des MOE-Werts [MOE = Margin of Exposure, Anm. d. Verf.[9]] die verfügbaren Daten zu einer bestimmten Art von Leberkrebs verwendet, die durch Lasiocarpin, eines der giftigsten 1,2-ungesättigten Pyrrolizidinalkaloide, verursacht wird.«[10]

Das Bundesinstitut für Risikobewertung (BfR) ist sich dieses Dilemmas bewusst. Die Datenlage berge Unsicherheiten, heißt es in einer Stellungnahme von 2020 (S. 21): »Seit einiger Zeit wird daher diskutiert, in welcher Weise die unterschiedliche kanzerogene Potenz einzelner Vertreter besser berücksichtigt werden könnte.« Bis dahin werde weiterhin als konservativer Ansatz für die Risikobewertung eine vergleichbare Potenz der verschiedenen 1,2-ungesättigten PA angenommen. »Dieses Vorgehen führt vermutlich zu einer Überschätzung des Risikos« (ebd., S. 48).

Lasiocarpin, Monocrotalin und Riddellin gelten als die giftigsten PA. Mit ihnen wurden in der Vergangenheit zahlreiche Studien durchgeführt, meist mit der isolierten Einzelsubstanz. Alle drei werden von der Internationalen Agentur für Krebsforschung (IARC) als »möglicherweise krebserregend für den Menschen« eingestuft (ebd., S. 14). Im Beinwell kommen sie nicht vor.[11]

Dass sich das Bundesinstitut für Risikobewertung (BfR) an den gefährlichsten Vertretern der PA-Gruppe orientiert, geschieht in der Absicht, Menschen zu schützen und gesundheitliche Schäden zu verhindern. Tatsächlich konnte in den vergangenen Jahren mit teils erheblichem Aufwand der PA-Gehalt in Lebensmitteln wie Schwarztee, Rooibostee und anderen deutlich gesenkt werden. Damit sinkt die Gesamtbelastung des Einzelnen, und das ist gut so. Dass sich die Gremien über die Unzulänglichkeit der Risikobewertung klar sind, lässt für die Zukunft für all jene Pflanzen hoffen, die derzeit noch ohne belastbare Datenlage in die Gruppe der giftigsten PA-Vertreter eingeordnet werden.

Vielleicht liegen in absehbarer Zeit genauere Daten vor. Doch bis es so weit ist, müssen wir im Fall des Beinwells mit sehr unterschiedlichen Einschätzungen leben: mit denen der modernen Wissenschaft und mit jenen der Erfahrungsheilkunde. Beide Seiten sollten ernst genommen werden.

Fallberichte zum Beinwell – neu untersucht

Wenn man die Artikel und Studien genau durchforstet, ist es fast unmöglich, einen Fall zu finden, in dem sich eine Schädigung zweifelsfrei auf den Beinwell zurückführen lässt. Dennoch liest man häufig Sätze wie diesen: »[...] haben zahlreiche Fallberichte gezeigt, dass die innerliche Verwendung von Beinwellextrakten verbunden ist mit schwerer Hepatotoxizität, insbesondere Zirrhose und Aszites« (Salehi 2019, S. 24). Wie kommt das? Bei solchen Widersprüchen lohnt es sich, in den Originalquellen nachzuschauen, auf die sich die Autoren beziehen.

In diesem Fall ist es eine Veröffentlichung von Stickel und Seitz aus dem Jahr 2000. Jedoch zitieren die Autoren nicht zahlreiche, sondern zwei Fälle aus den 1980er-Jahren. Beide Fälle sind umstritten: Bereits 2004 ist die amerikanische Wissenschaftlerin Dorena Rode nach eingehender Recherche zu dem Ergebnis gekommen, dass sie nicht aussagekräftig sind.

Rode, promoviert in Physiologie an der University of California, Davis, hatte sich alle bis dato bekannten Fälle genauer angeschaut, in denen Beinwell mit einer Lebervenenverschlusskrankheit in Verbindung gebracht wurde. Sie fand insgesamt fünf Fälle aus den USA, Großbritannien und Australien, alle aus den späten 1980er- und frühen 1990er-Jahren, darunter die beiden oben erwähnten. Rode stellte fest, dass es bei jeder Person zusätzliche Gefährdungsfaktoren gab: Vorerkrankungen, die gleichzeitige Einnahme von lebertoxischen Medikamenten und/oder extreme Mangelernährung über lange Zeit. Angesichts dessen könne ein klarer Zusammenhang zwischen dem Verzehr von Beinwell und der Lebervenenverschlusskrankheit nicht nachgewiesen werden, folgert sie. In keinem der Fälle liege ein eindeutiger Ursache-Wirkungs-Zusammenhang vor (Rode 2004).

Eine aufschlussreiche Arbeit hat ein australisches Forscherteam 2020 vorgelegt. Es hat alle in der Literatur auffindbaren Berichte zu Borretsch, Huflattich und Beinwell untersucht und einer Qualitätsbewertung unterzogen. Das Team fand insgesamt acht Originalfallberichte zum Beinwell (darunter auch die oben erwähnten).

In allen Fällen stellten sie erhebliche Diskrepanzen und Mängel bei der Pflanzenbestimmung fest, nie wurde Beinwell allein eingenommen. Für einen Fall aus dem Jahr 2003 werden PA genannt, die im Beinwell nicht vorkommen, es müssen also auch andere PA-haltige Pflanzen konsumiert worden sein. Zweifellos seien ungesättigte PA der Grund für die Schädigung in diesem Fall, der endgültige Beweis für eine kausale Rolle für *Symphytum* fehle jedoch, heißt es (Avila et al. 2020).

Das Fazit der Wissenschaftler: Basierend auf den Fallberichten sei der Beweis, dass die genannten Pflanzen tatsächlich Schaden verursacht haben, schwach. Zum Beinwell heißt es: »Diese Fälle sind ein unzuverlässiges Beweismaterial für Schlussfolgerungen über die Sicherheit der oralen Einnahme von *Symphytum officinale*« (ebd.).

Die Autorinnen und Autoren haben umfangreich recherchiert und die Fallberichte nach den Bewertungskriterien internationaler Gremien beurteilt. Vorausgesetzt, sie haben keinen Fall übersehen, bedeutet das, dass bis heute tatsächlich kein Bericht vorliegt, der zweifelsfrei einen Schaden durch die Einnahme von Beinwell nachweist. Zwar hält sich das Team mit Kritik zurück, spricht aber doch einen entscheidenden Punkt an: Die fehlerhaften (aber bis heute viel zitierten) Fallberichte sind eine wichtige Grundlage für die Risikobewertung des Beinwells auf politischer Ebene und beeinflussen wichtige Entscheidungen der Behörden.

Sie haben außerdem das Bild des Beinwells in der Öffentlichkeit und seinen Ruf entscheidend mitgeprägt. Denn in der Bevölkerung verfestigte sich mit jeder neuen Veröffentlichung der Eindruck, dass Beinwell bereits eine Vielzahl von Opfern gefordert habe.

Fragwürdige Tierversuche

Aussagen über die leberschädigende und kanzerogene Wirkung des Beinwells werden in der Hauptsache aus Tierversuchen abgeleitet. Zumeist wurde in den Studien mit isolierten Einzelwirkstoffen gearbeitet, die dem Futter beigegeben oder den Tieren, meist Ratten, injiziert wurden. Diese entwickelten Leberschäden sowie Tumoren und diverse andere Schädigungen.

Die Versuche sind schon oft beschrieben worden, sodass ich hier darauf verzichte. Neben der Frage, ob diese Studien ethisch vertretbar sind, bleibt offen, ob ein Versuch mit einem hoch dosierten, isolierten Einzelwirkstoff gesicherte und belastbare Daten für die Wirkung der gesamten Pflanze liefern kann. Ein Versuch mit isoliertem Koffein in vergleichbarer Menge wäre tödlich, genauso mit isoliertem Alkohol oder Blausäure aus Mandeln. Was aber bedeutet das für die Risikobewertung unserer Lebensmittel?

In einigen Studien wurden Blätter oder Wurzeln des Beinwells verfüttert. Die Mengen betrugen bis zu 30 Prozent und mehr der gesamten Futtermenge und wurden den Tieren über längere Zeiträume teils zwangsweise eingetrichtert. Umgerechnet müsste ein Mensch über Wochen und Monate hinweg jeden Tag mehrere große Teller Beinwell essen. »Nach einiger Zeit entwickelten die Ratten tatsächlich Tumoren, was lediglich eines der geltenden Gesetze der Wissenschaft beweist: dass jede Substanz oder Chemikalie ein Gift ist, wenn wir nur genug davon konsumieren«, schreibt die amerikanische Kräuterkundige Rosemary Gladstar (2017, S. 238).

Laut Dorena Rode reagieren Ratten und Mäuse, Schweine, Schafe und Hühner ganz unterschiedlich auf die verschiedenen PA. So fressen Schweine Beinwell gerne und freiwillig, sogar wenn er bis zu 40 Prozent ihrer Ernährung ausmacht, Hühner vertragen ihn ebenfalls gut. Ratten reagieren deutlich empfindlicher. Daneben sei der Verabreichungsweg entscheidend: So seien Kaninchen resistent gegen eine dauerhafte Fütterung mit *Senecio* (Greiskraut), sterben jedoch nach einer einzigen Injektion des gereinigten Alkaloids (Rode 2002, S. 498).

Schon oft wurde die Frage gestellt, inwieweit sich Daten aus Tierversuchen auf den Menschen übertragen lassen. Viele Mediziner und Pharmakologen haben dies klar verneint (Schlebusch et al. 1989, S. 44 ff.). Intensiv wurde die Debatte in den 1980er- und frühen 1990er-Jahren geführt, als das Bundesgesundheitsamt (BGA) einen Stufenplan vorlegte, nach dem rund 2500 Naturheilmittel mit PA-haltigen Pflanzen vom Markt genommen werden sollten, die zum großen Teil von kleinen und mittelständischen Firmen hergestellt wurden.

In diese Zeit fällt auch die Veröffentlichung eines Gutachtens zu diesem Stufenplan. Der Mediziner und Medizinforscher Reinhard Klimmek (u. a. Walther-Straub-Institut für Pharmakologie und Toxikologie der Ludwig-Maximilians-Universität München) hat darin Tierversuchsstudien mit PA-haltigen Pflanzen untersucht. Er befasste sich sowohl mit Studien zu Einzelwirkstoffen als auch zu

Fütterungsversuchen, es ging um Huflattich, Pestwurz, Beinwell und einige Pflanzen mehr. In allen Studien stellte er schwere Mängel fest, unter anderem Rechenfehler, Verwechslungen, Fahrlässigkeiten, unrealistisch hohe Dosierungen eines Einzelwirkstoffes, falsche Ableitungen der Dosis-Wirkungs-Beziehungen.

In allen Studien seien zudem die Versuche mit toxischen Dosierungen durchgeführt worden. »Wenn die natürlichen Leberfunktionen durch ein- oder mehrmalige toxische Überdosen von Fremdstoffen brutal gestört werden, sind Nekrosen nichts Überraschendes«, schreibt er. »Das gilt übrigens auch für Paracetamol« (Fort und Klimmek 1991, S. 99).

Theoretische Risiken

Letztendlich kann man sagen, dass die Richtwerte für das kanzerogene Potenzial des Beinwells von deutlich giftigeren Pflanzen und aus Tierversuchen mit isolierten Wirkstoffen oder absurd hohen Futtermengen abgeleitet wurden. Damit handelt es sich um theoretisch formulierte Risiken.

Insgesamt überlagert die nun jahrzehntelang andauernde PA-Diskussion die Tatsache, dass Beinwell aufgrund seiner zahlreichen positiven Inhaltsstoffe auch einen hohen gesundheitlichen Wert hat. Was tatsächlich fehlt, sind Untersuchungen, die die Wirkung der ganzen Pflanze auf Mensch und Tier bei maßvollem Genuss oder Gebrauch dokumentieren. Dabei könnten über 2000 Jahre Erfahrungsheilkunde und Nutzung der Pflanze eine wertvolle Hilfe bieten.

Eine kleine Untersuchung von Personen, die auf den Gesundheitswert der Pflanze vertrauten, gibt es tatsächlich. 1989 wurden von Andersen und McLean verschiedene Marker für Leberkrebs in einer Gruppe von 29 langjährigen Beinwellnutzern überprüft. Nach dem täglichen Verzehr von Beinwellblättern (0,5 bis 25 g pro Tag in einem Zeitraum von einem bis zu 30 Jahren) lagen alle Marker im Normbereich (Rode 2002, S. 497). Als Ergebnis ist das sicher nicht repräsentativ. Interessant ist es dennoch.

Inhaltsstoffe im Verbund wirken anders

Auffällig ist, dass Versuche mit isolierten Beinwell-PA im Tierversuch fast immer Schaden angerichtet haben, während dies beim Verfüttern der ganzen Pflanze in üblichen Mengen nicht passiert. Auch von den sogenannten Comfrey-Essern – Menschengruppen, die Beinwell in großen Mengen über längere Zeit konsumierten – sind in der Literatur keine Vergiftungsfälle überliefert (Fintelmann 2017, S. 321 f.).[12]

Rosemary Gladstar (2017, S. 238) sagt dazu: »Die Wahrheit ist, dass der chemische Bauplan der meisten Pflanzen eine Vielzahl von Inhaltsstoffen umfasst, von denen viele potenziell schädlich sind. Diese Chemikalien bilden eine synergistische Beziehung miteinander, die oft bestimmte Aspekte der anderen aufhebt und/oder verstärkt [...]. Die Summe dieser Hunderte von Chemikalien bestimmt die Eigenschaft oder die Wirkung der Pflanze. Eine Pflanzenwirkung anhand einer einzelnen Chemikalie zu beurteilen, wäre so, als würde man eine Person anhand der Tatsache beurteilen, dass ihre Haare braun sind.«

Das ist beim Beinwell nicht anders. PA machen nur einen winzigen Teil seines Spektrums aus. Daneben hat er möglicherweise Stoffe, die toxische Wirkungen im menschlichen und tierischen Organismus abmildern können.

Allantoin, von dem er reichlich enthält, regt die Regeneration der Zellen an. Kalziumsalze und Schleime schützen Haut und Schleimhaut und nähren die Zellen, Schleime wirken zudem entgiftend. Chlorophyll wirkt zellschützend, die verschiedenen Säuren, zum Beispiel Rosmarinsäure, sind starke Antioxidanzien. Gerbstoffe können Gifte binden und unschädlich machen. Dann ist da noch das Cholin, das die gesunde Funktion der Leber unterstützt und deren Durchblutung anregt. Schließlich wurde herausgefunden, dass eine proteinarme Ernährung eine Vergiftung mit PA begünstigt. Umgekehrt wird die Bildung von toxischen Metaboliten abgeschwächt, wenn gleichzeitig schwefelhaltige Aminosäuren verabreicht werden. Beinwell enthält beides, sogar einen ausgesprochen hohen Anteil an Eiweiß. Möglicherweise ist das ein Grund, warum der gesundheitliche Wert der Pflanze bisher überwogen hat.

Hinzu kommt, dass die Verstoffwechselung der PA im Körper äußerst komplex ist und noch längst nicht ausreichend untersucht und verstanden wurde. Sie ist von vielen Zusatzfaktoren abhängig und verläuft bei den verschiedenen PA sehr unterschiedlich. Zudem gibt es starke Entgiftungswege und -mechanismen im Körper, die immer wieder erwähnt, aber ebenfalls noch nicht ausreichend erforscht und verstanden wurden.

Doch vielleicht wendet sich das Blatt. Neuere Studien kommen zu erstaunlichen Ergebnissen: Blätterextrakte des Beinwells wirken gegen Bakterienstämme wie *Staphylococcus aureus* und *Salmonella typhi*, Wurzelextrakte wirken stärker antioxidativ als Ascorbinsäure, und das PA Echimidin-N-Oxid wurde als stark pilzhemmend (antimykotisch) erkannt (Salehi et al. 2019, S. 10 f.).

Beinwell als Leberschutz?

So erstaunlich es klingt, aber mindestens eine Studie hat sich mit der leberschützenden und -regenerierenden Wirkung von Beinwell beschäftigt. »Die Volksmedizin Moldawiens verwendet erfolgreich *Symphytum officinale* (›schwarze Wurzel‹ oder auf Italienisch ›radice nera‹) zur Rettung von Patienten mit chronischer Hepatitis und Leberzirrhose«, heißt es darin (Matcovschi et al. 1995, S. 91). Die Forscher verabreichten Albinoratten, die mit Hepatitiserregern infiziert worden waren, einen Beinwellwurzelextrakt oral. Eine zweite Gruppe wurde mit dem Lebermedikament Silibor behandelt. Dabei hat der Beinwell genauso gut oder besser als das Medikament abgeschnitten.

Schlussgedanken

Dass es noch viele offene Fragen und auch Kritik an manchen Veröffentlichungen gibt, bedeutet nicht, dass Erkenntnisse der Wissenschaft ignoriert werden können. Beinwell enthält nun einmal PA, die bei massiver Überdosierung und bei Missbrauch, vor allem in Kombination mit anderen PA-haltigen Pflanzen, Schaden anrichten können. Modetrends in den 1970er- und 1980er-Jahren, als dubiose Beinwellmischpräparate, Tees und andere Zubereitungen in großen Mengen dauerhaft konsumiert wurden, haben zur Verunsicherung im Umgang mit der Pflanze beigetragen. Aus gutem Grund gibt es deshalb Richtlinien für den therapeutischen Gebrauch der Pflanze, insbesondere für besonders gefährdete Gruppen wie Schwangere, Stillende und Kinder.

Dennoch ist es traurig zu sehen, wie sehr die Angst vor dem Beinwell in den vergangenen Jahren zugenommen hat. Wie verunsichert wir sind, wie wenig wir uns selbst noch zutrauen, das richtige Maß, die richtige Dosierung zu finden. Innerhalb von etwa 25, vielleicht 30 Jahren ist das Vertrauen in eine Pflanze nachhaltig erschüttert worden, die uns Menschen seit weit über 2000 Jahren begleitet und geheilt hat.

Nun geht es darum, Informationen zu sortieren und zu hinterfragen, die Erkenntnisse der Wissenschaft ernst zu nehmen und gleichzeitig das alte Wissen nicht zu vergessen. Und es geht darum, dass jeder und jede eine eigenverantwortliche Entscheidung treffen kann. Dazu ist es nötig, sich zu informieren und Beinwell erst einmal gut kennenzulernen, aus Büchern, vor allem aber durch eigene Anschauung und Erfahrung.

Meine Erfahrungen mit Beinwell sind durchweg positiv, aber ich kann nur für mich selbst sprechen. Anwendungsempfehlungen für andere darf und möchte ich nicht geben. Um mit Rosemary Gladstar zu sprechen: Wer den geringsten Zweifel an ihm hat, sollte ihn stehen lassen. Für alle anderen ist es möglich, sichere Anwendungsformen zu finden: in der Homöopathie, mit PA-freien Salben aus der Apotheke, aber auch mit selbst zubereiteten Anwendungen.

Gerade der Beinwell erinnert uns immer wieder daran, Verantwortung im Umgang mit starken Heilpflanzen zu übernehmen, und daran, wie wichtig es ist, das richtige Maß zu finden. Ich habe oft erlebt, dass schon kleine Dosen ausreichen, um etwas im Körper in Gang zu bringen und einen Heilimpuls zu bewirken. Eine befreundete Kräuterkundige hat die Erfahrung gemacht, dass ein Tropfen einer guten Beinwell-Urtinktur Ähnliches bewirkt. Es liegt an jedem einzelnen, sich zu informieren und diese Entscheidung dann für sich selbst zu treffen.

Inhaltsstoffe, ganzheitlich betrachtet

Vor gut 200 Jahren begann in der Medizin der Siegeszug der Einzelwirkstoffe. Der Paderborner Apothekergehilfe Friedrich W. A. Sertürner isolierte 1805 aus dem getrockneten Saft der Mohnkapseln das Morphium – es war der erste isolierte Wirkstoff in der Pharmaziegeschichte. Das hat die Wissenschaft vorangebracht, wichtige Erkenntnisse und neue Behandlungsmethoden erschlossen.

Seitdem sind wir daran gewöhnt, das Ganze zu zerlegen und es nach der Wirkung seiner Einzelteile zu beurteilen.

Je feiner die Untersuchungsmethoden werden, desto mehr Stoffe können bestimmt werden. Vorteil dieser Vorgehensweise ist, dass sich mit diesem Wissen viele Heilwirkungen besser erklären und manche neu daraus ableiten lassen. Der Nachteil: Der Umgang mit den Pflanzen wird nicht unbedingt einfacher. So ist manch ein Stoff nur in winzigen Spuren enthalten und wirft dennoch neue Fragen nach Risiken und Grenzwerten auf, auch wenn sich diese Pflanze bislang als Heilpflanze bewährt hat.

Vergessen wird dabei oft, dass die Pflanze als Ganzes völlig anders wirkt als ein isolierter Inhaltsstoff, wie folgende Beispiele zeigen: Die besondere Wirkung des Weihrauchharzes liegt in seinen Boswelliasäuren; isoliert man sie, verlieren sie einen Teil ihrer Heilkraft. Ein starker Wirkstoff im Johanniskraut ist das Hypericin; isoliert man es, wirkt es weniger heilsam als Auszüge der gesamten Pflanze. Eine Pflanze bleibt ein komplexes Wesen mit bis zu 10 000 Wirkstoffen, die nur im Verbund ihre eigentliche Stärke zeigen. Das Ganze ist eben mehr als die Summe seiner Teile.

In einigen Jahren sieht die Liste der Beinwellinhaltsstoffe sicherlich noch viel umfangreicher aus. Aber schon mit unserem heutigen Wissen ist klar, was für ein hochkomplexes Gemisch die Natur jeder einzelnen Beinwellpflanze mitgibt. An einer meiner ersten Wildkräuterführungen nahm ein Mitarbeiter aus der pharmazeutischen Forschung teil. Er sagte einen Satz, den ich nie vergessen habe: Kein Wissenschaftler und kein Labor sei in der Lage, all das in eine Tablette hineinzupacken, was in einer gesunden Pflanze wirksam ist. In diesem Fall war es zwar die Brennnessel, von der wir sprachen. Doch das Gleiche ließe sich über den Beinwell sagen.

Für mich ist es immer wieder spannend, die Erkenntnisse über Wirkungen und Inhaltsstoffe einer Pflanze zu verfolgen. Ich staune, welches Potenzial die Wissenschaft in so manchem »Unkraut« entdeckt, und ich möchte dieses Wissen nicht missen. So finde ich es verblüffend, dass der Beinwell, dessen Pyrrolizidinalkaloide unter bestimmten Umständen lebertoxisch wirken können, gleichzeitig einen Stoff enthält, der leberschützend wirkt. Ein Prinzip, das wir auch von anderen Pflanzen kennen: Ein potenziell giftiger Stoff wird im Zusammenspiel mit anderen Stoffen abgemildert, er kann sich in seiner Wirkung verändern.

Doch so spannend die analytische Sicht der Dinge auch sein mag, zu einem tieferen Verständnis fehlt mir dann doch noch die andere, die »traditionelle« Perspektive. Die ist für mich so faszinierend, dass ich immer wieder versuche, das Bücherwissen hintanzustellen und den Beinwell mit anderen Augen anzuschauen – der kleine Prinz aus dem gleichnamigen Buch von Antoine de Saint-Exupéry würde vielleicht sagen: mit den Augen des Herzens. Manchmal gelingt es mir dann, dass ich ein Pflanzenwesen wahrnehme, das eng mit seiner Umgebung verbunden ist, das den Wind und den Regen spürt und das Licht von Sonne und Mond in sich aufnimmt. Das verbunden ist mit den Kräften der Erde und allem, was darin lebt und wirkt, genauso wie mit den Sternen und den kosmischen Rhythmen.

Viele Jahrhunderte, wenn nicht Jahrtausende haben Menschen die Pflanzen in diesem Licht gesehen – als Pflanzenwesen mit einer eigenen inneren Weisheit. Nur wer sie respektvoll behandelt hat, war in der Lage, dieser Weisheit näherzukommen und ihre Kräfte zu verstehen, die auf uns naturwissenschaftlich geprägte Menschen mitunter unlogisch oder sogar widersprüchlich wirken können.

Jeder Mensch, der eine Heilpflanze verwendet, geht eine individuelle Beziehung mit ihr ein. Er wird selbst zu einem Teil des Heilungsprozesses. So kann eine Pflanze, die mir hilft, bei einem anderen Menschen und der gleichen Indikation völlig wirkungslos sein.

Wir haben verlernt, mit den Augen unserer Vorfahren zu sehen. Doch das moderne, analytische Denken macht deren Wissen, nach dem Jahrtausende lang therapiert wurde, ja nicht überflüssig. Die ganzheitliche Betrachtung der Pflanze, die Elementen- und Signaturenlehre sind nicht weniger richtig, nur weil wir neue technologische Möglichkeiten haben. Es sind verschiedene Erkenntniswege, die sich im besten Fall ergänzen sollten.

Wer will was lebendig's erkennen und beschreiben,
Sucht erst den Geist heraus zu treiben,
Dann hat er die Theile in seiner Hand,
Fehlt leider! nur das geistige Band.

GOETHE, FAUST

Wesen und Signatur des Beinwells

Nichts ist, was die Natur nicht gezeichnet habe,
und durch die Zeichen kann man erkennen,
was im Gezeichneten verborgen ist.
PARACELSUS

Signaturen – die Zeichensprache der Pflanzen

Die Signaturenlehre ist der Versuch, eine Analogie zu beschreiben zwischen der Erscheinung einer Pflanze und der Kraft, die ihr innewohnt. Signaturen lassen sich lesen im Aussehen der Pflanze – das ist eine sehr direkte Methode –, in ihrem Geschmack und Geruch, dem Standort, den Farben, ihrem Lebenszyklus und in der Art und Weise, wie sie sich mit ihrem gesamten Wesen in der Natur zeigt und ausdrückt. Die Heilkundigen haben die Signaturen gedeutet, um damit Krankheiten zu kurieren, die sich in ähnlichen oder auch gegensätzlichen Symptomen beim Menschen zeigten.

Dabei war die Signaturenlehre immer eingebunden in die kosmischen Gesetze. Die frühen Heilkundigen mussten sich nicht nur mit den Medizinpflanzen auskennen, sie beherrschten außerdem die Sternenkunde. Dem liegt das Wissen zugrunde, dass alles Leben auf der Erde eng verbunden ist mit dem Einfluss der Himmelskörper. Der englische Mathematiker Lawrence Edwards (2005, S. 265) bringt dies wunderbar mit folgenden Worten zum Ausdruck: »Kein Stern kann sich bewegen, ohne dass eine Pflanze antwortet.«

So wie sich das Wasser auf der Erde vom Mond bewegen lässt, so nehmen auch die Pflanzen die Impulse der Sterne und der Planeten auf und drücken sie in ihrem Wachstum, ihrer Gestalt und ihrer Heilwirkung aus. In jeder Pflanze können wir die Einflüsse der Himmelskörper erkennen. In den meisten Pflanzen sind ein oder zwei Planeten besonders stark ausgeprägt.

Beim Beinwell lassen sich aufgrund seines meist feuchten Standorts und der saftigen Stängel und Wurzeln Signaturen des Mondes finden. Der Mond steht außerdem für regenerierende Hautmittel (Madejsky 2021, S. 62) – auch dies trifft in hohem Maße auf den Beinwell zu. Vor allem aber ist es der Saturn, der sich im Beinwell bemerkbar macht.

Saturn ist der zweitgrößte Planet unseres Sonnensystems, er braucht 29 Jahre, um die Sonne zu umrunden. Bis zur Entdeckung des Uranus – etwa zur Zeit der französischen Revolution – war er der äußerste sichtbare Planet und galt als »Hüter der Schwelle«. Er markierte die Grenze zur Unendlichkeit, zum Übergang in die metaphysische Welt. Saturn setzt Grenzen und beschränkt, gleichzeitig ist er ein Wegweiser zur Überwindung dieser Grenzen. Diesen scheinbaren Widerspruch finden wir ebenfalls in den Beschreibungen der ihm zugeordneten Götter.

Bei den Römern war Saturn die höchste Autorität unter den Göttern – der Gott des Ackerbaus, gleichzeitig derjenige, der den Vater kastrierte und die eigenen Söhne auffraß. Seine griechische Entsprechung ist Kronos, Sohn Gaias (der Erde) und des Uranos (des Himmels), Anführer der Titanen und Vater von Zeus. Oft wird Saturn/Kronos als Sensenmann dargestellt, der den Tod bringt. Doch Kronos galt zudem als Begründer des »Goldenen Zeitalters«, einer Blütezeit und friedlichen Phase in der Entwicklung der Menschheit.

Saturnsignaturen in Pflanzen

Pflanzen mit Saturnsignaturen haben oft eine raue, borstige Behaarung. Das Grün der Blätter ist versetzt mit einem Schuss Schwarz, was ihnen mitunter ein etwas düsteres Aussehen verleiht. Sie haben dunkle, graue, violettfarbene oder himmelblaue Blüten, die sich häufig vom Licht abwenden.

Die Wurzeln sind oft kräftig mit einer dunklen Wurzelrinde. Unter ihnen finden sich viele ausdauernde Pflanzen, die sehr alt werden können.

Saturnpflanzen wirken zusammenziehend und konzentrierend, oft kühlend und haben einen bitteren Geschmack. Sie sind geeignet für eine Anwendung bei längeren Prozessen oder langsam wachsenden Körperteilen wie den Knochen. Viele giftige Pflanzen finden wir unter den Saturnvertretern. Nach Margret Madejsky regiert Saturn zusammen mit dem Mars über die Pflanzengifte, »und gebietet überall, wo er sichtbar wird, zu umsichtiger Dosierung« (ebd., S. 62).

Im menschlichen Körper entsprechen die Saturnsignaturen dem »Gerüst« des Körpers, dem Skelett mit Wirbelsäule, den Knochen, den Sehnen und den Gelenken, den Zähnen und der Milz. »Werden die Saturn-Qualitäten nicht integriert gelebt, können sich chronische Prozesse wie Rheuma, Arthritis, Gicht oder

Knieprobleme, Wirbelsäulenerkrankungen, Gallen- und Nierensteine, Zahnbeschwerden oder Depressionen zeigen« (Koch und Stumpf 2019, S. 247). Deshalb werden Saturnpflanzen oft eingesetzt bei Verhärtungen und Versteifungen, der Beinwell besonders bei Kniebeschwerden, Brüchen und Osteoporose, verfrühten Alterungsprozessen sowie Rheuma und Gicht. Auch chronische Erkrankungen gehören zu seinem Spezialgebiet. »Beinwell wirkt heilend auf die langsam wachsenden Körperteile wie die Knochen und kann mit genügend Zeit sehr viel ausrichten«, schreibt Judith Berger (2000, S. 260). Die Kieselsäure sticht hier als Inhaltsstoff besonders hervor. Sie ist wichtig, damit sich die Pflanze aufrichten und dem Licht entgegenstrecken kann. Sie festigt und macht gleichzeitig geschmeidig und flexibel. Im Körper verbessert sie den Lichtstoffwechsel zwischen den Zellen. Sie hilft den Nerven, wirkt aufbauend bei Erschöpfung und Depressionen.

Auf der seelischen Ebene geben uns Saturnpflanzen »Struktur und Ausdauer, helfen, sich zu konzentrieren, Ideen zu verwirklichen, Ziele zu erreichen und sich mit der Essenz des Lebens zu befassen« (Koch und Stumpf 2019, S. 247).

Beinwellsignaturen lesen und verstehen

Der Wurzelstock kann groß werden, er verankert sich metertief in der Erde. Aus jedem kleinen Stückchen wächst eine neue Pflanze heran, ein Zeichen für seine unbändige Vitalität und Lebenskraft. Struktur und Aussehen der langen Einzelwurzeln erinnern an Röhrenknochen, und wenn eine Beinwellwurzel bricht, so ähnelt das Geräusch dem eines brechenden Knochens.

Rot wie Blut – die frisch angeschnittene Frühjahrswurzel verfärbt sich schnell.

Im Frühjahr zeigt die frisch gegrabene Wurzel an den Bruchstellen schon nach kurzer Zeit eine rötliche Färbung. Maler stellten daraus früher eine rote Farbe her, »sie kochten dazu den Schleim und vermischten ihn mit Öl, Pigmenten oder Schellack« (Fischer-Rizzi 2021, S. 39).

Fast sieht es aus wie eine frische Wunde – ein Hinweis auf die gewebeheilende und blutstillende Kraft, die von unseren Vorfahren innerlich und äußerlich genutzt wurde. Werden die Wurzeln durch Viehtritt beschädigt, schadet es ihnen nicht. Sie sollen sogar aufgrund ihrer Schleime ganz von allein wieder zusammenwachsen, so erzählten es die Alten – ein weiterer Hinweis auf die knochenheilende Wirkung des Beinwells und auf seine Fähigkeit zur Kallusbildung.

Die Blätter sind derb und oft dunkelgrün. Wolf-Dieter Storl (2018, S. 45) sieht in den ausgeprägten Blattvenen ein Netz, das dem Gewebe von alten, verwitterten Knochen gleicht: »Das Fließen und Weben von ätherischen Energien in der Vegetation lässt sich deutlich an den Mustern der Blattvenen ablesen. Sie sind sozusagen die Spuren, die diese Energien in der Materie hinterlassen. Beim Beinwell sind diese Muster engmaschig verwoben. Als Heilmittel angewendet, werden diese pflanzlichen Energien auf den Mikrokosmos Mensch übertragen, wo sie ebenfalls ein heilendes ›Verweben‹ der Gewebe bewirken.« Die starken Fasern der Stängel könnte man als Entsprechung zu Bändern, Sehnen und Nerven sehen (Raimann 2019, S. 125). Sie überdauern selbst den Frost und zeigen die starke strukturgebende Kraft der Pflanze.

Schließlich sind da noch die am Stängel herablaufenden Blätter, die so mit ihm verwachsen sind, »als ob sie nicht loslassen könnten. Dies galt den früheren Pflanzenkennern als Zeichen, um etwas über die Bestimmung des Beinwells zu erkennen«, schreibt Susanne Fischer-Rizzi (2021, S. 39). »In dieser Geste drückt sich die zusammenhaltende Kraft des Beinwells aus. Auf den menschlichen Körper übertragen heißt dies, dass der Beinwell Auseinandergeratenes wieder zusammenfügen kann.«

Allerdings gibt es zwei Momente in seinem Lebenszyklus, in denen der Beinwell sich ganz anders zeigt. Der erste findet im Frühjahr statt, wenn die ersten jungen Triebe aus dem Boden kommen. Noch kann man nicht von Borsten sprechen, eher von einem dichten, weißen Flaum, der sich ganz zart und weich anfühlt. Den zweiten Moment erleben wir, wenn sich aus dem dicht behaarten Knospenstand die Blüten herausschieben. Tatsächlich sind die kleinen Glöckchen das einzige an der Pflanze (außer den Wurzeln), das nicht mit Haaren oder Borsten ausgestattet ist.

Jetzt schaffen es sogar die oberen Stängelblätter, sich ganz und gar dem Himmel entgegenzustrecken. Fast sieht es aus, als breite der Beinwell kleine Flügel aus, um mitsamt seinem eingerollten Blütenstand wie ein Schmetterling abzuheben. Nur wenig später, wenn sich die ersten Samen bilden, richtet sich dann auch ein Teil des Blütenstands auf, als wolle er die Kräfte des Himmels ganz in sich aufnehmen. Die Blütenkronen sind abgefallen, und aus dem Kelch, in dem sich die Nüsschen bilden, ragt der lange Stempel empor.

Er fügt zusammen, was auseinandergeraten ist: Die herablaufenden Blätter wurden als Zeichen für seine verbindenden Eigenschaften gedeutet.

SEITE 76
Deutlich sind die Blattvenen im Beinwellblatt zu erkennen. Kräuterkundigen galt das als Zeichen für starke, gewebeheilende Kräfte.

Während die Blütenkronen der Erde zugewandt sind, drehen sich die Kelche himmelwärts.

Mit einer Eleganz und einer Anmut, die man dem Raubein nicht zugetraut hätte, schafft es der Beinwell, Erde und Himmel miteinander zu verbinden. Er verkörpert beides: die materielle, festigende Seite genauso wie die zarte, sich nach oben öffnende Geste. Er wirkt heilsam in beide Richtungen und zeigt uns, dass eine tiefe Verwurzelung auf der einen, Öffnung und Hingabe auf der anderen Seite kein Widerspruch sein müssen. Beinwell ist rau und gleichzeitig sanft, er ist derb und elegant. Er zeigt Ecken und Kanten, er nimmt sich seinen Platz und vermittelt gleichzeitig ein Gefühl von Schutz und Geborgenheit. Eine Seminarteilnehmerin hat in einer Meditation ein treffendes Bild für die scheinbaren Gegensätze bekommen: Sie sah den Beinwell als eine große Harfe, »auf der ein kleines, zartes Burgfräulein ganz hohe und ganz tiefe Töne spielen kann«.

Die Vier-Elemente-Lehre

Die Elementenlehre ist tief in unserer Kultur und Heiltradition verwurzelt. Bis vor etwa 250 Jahren war sie ein Grundpfeiler unseres Weltbilds und unseres Denkens. Die Ursprünge stammen vermutlich aus der Antike. Die Alchemisten, Hildegard von Bingen und Paracelsus haben dieses Wissen – in unterschiedlichen Ausprägungen – gelebt und gelehrt.

Luft, Feuer, Erde und Wasser wirken in uns und in allem, was uns umgibt in unterschiedlicher Stärke und Qualität. Alles lässt sich nach der Elementenlehre einordnen und verstehen: die Natur mit all ihren Erscheinungsformen, aber auch

Rau und elegant zugleich – ein Weißer Beinwell in der Blüte.

zeitliche Prozesse – von den Jahreszeiten bis hin zu einem ganzen Menschenleben. Genauso lassen sich Organe und Krankheiten, die sich im Körper und in der Seele zeigen, nach diesem System lesen, wie sich auch die Heilmittel für diese Krankheiten damit finden lassen.

In jeder Pflanze, jedem Menschen, jedem Zustand und jedem Prozess sind alle vier Elemente vertreten, eines oder zwei sind in der Regel besonders ausgeprägt. Ein Grundgedanke der Elementenlehre besagt, dass Gesundheit dann vorliegt, wenn die Elemente in einem relativ ausgeglichenen Zustand anzutreffen sind. Doch da alles ständig in Bewegung ist, ist auch Gesundheit ein fragiler Zustand, der immer wieder aufs Neue hergestellt werden muss.

Kein Element steht für sich allein, jedes wirkt auf die anderen, beeinflusst sie und lässt sich beeinflussen. Zwei Elemente werden als aufbauende, aktive, dem Himmel zugewandte Kräfte bezeichnet: Luft und Feuer. Den beiden anderen, Erde und Wasser, werden passive, dem Irdischen zugewandte Kräfte zugesprochen.

Luft, Feuer, Erde und Wasser

Die **Luft** steht im Jahreskreis für den Frühling, im Tageslauf für den Morgen. Sie steht für das keimende, sich entwickelnde Leben, für die grüne Lebenskraft, die Hildegard von Bingen »Viriditas« genannt hat. Sie steht für den Aufbruch, die Kindheit, das Neue. Die Luftqualität ist feucht-warm. Ihr sind zarte, schnellwüchsige, rankende Pflanzen zugeordnet wie die Vogelmiere, die Passionsblume oder der Hopfen, aber auch Knospen und junge, frische Triebe (Nedoma 2020)[13]. »Luftartige Pflanzen können einen süßlicharomatischen Geschmack und feine, helle Gerüche oder auch Zitrusdüfte entfalten« (Raimann 2019, S. 125).

Das **Feuer** steht für den Sommer (oder den Mittag). Es ist die Zeit des Aufblühens, des Mitten-im-Leben-Stehens. Feuer hat eine warm-trockene Qualität. Bei den Pflanzen finden wir dieses Element im scharfen, bitteren Geschmack, der Geruch kann würzig bis beißend sein. Feuerdominierte Pflanzen wachsen oft auf trockenen Standorten und/oder bilden ätherische Öle aus. Dazu gehören zum Beispiel Rosmarin, Thymian, Chili, Wermut, aber auch Meerrettich.

Das **Erdelement** steht für die Zeit der Reife, der Samenbildung – oder auch für den Herbst, den Nachmittag/Abend. Es geht um Manifestation und Materialisation sowie »Struktur und Formgebung« (Raimann 2019, S. 66). Erde hat eine trocken-kalte Qualität. Das Erdelement ist stark ausgeprägt in den Wurzeln, in starren, festen Formen, zeigt sich aber ebenfalls im Prinzip sehr langsam wachsender Pflanzen. Oft drückt es sich aus in dunklen Blütenfarben und erdigem (modrigem) Geschmack. Hierzu gehören zum Beispiel Eiche, Blutwurz und Getreide.

Das **Wasser** weist eine kalt-feuchte Qualität auf. Im Jahreskreis sind wir im Winter (am Abend/in der Nacht) angekommen. Im Pflanzenleben ist es die Zeit, in der aus dem Samen der Keim hervorbricht. In Pflanzen zeigt sich dieses Element in wässrigen oder schleimigen Säften, sie sind oft kühlend und feucht, wirken auf Haut und Schleimhaut. Die Blätter sind dickfleischig wie etwa bei Hauswurz oder Aloe. Sie bevorzugen feuchte Standorte, blühen in der Nacht (Nachtkerze), haben pastellfarbene, gelbe oder weiße Blüten.

Die Elemente im Beinwell

Erde und Wasser – nach der Elementenlehre sind das die im Beinwell vorherrschenden Qualitäten. Das Erdelement zeigt sich in seiner starken Wurzel und Erdgebundenheit, seiner Affinität zum Winter und zur Kälte, in seinen festigenden und strukturierenden Kräften. Fast alles am Beinwell ist der Erde zugewandt: die Borstenhaare am Stängel weisen zur Erde, seine Blätter neigen sich nach unten, sobald sie ausgewachsen sind, selbst die Blüten sind zum Boden hin geöffnet. Schleim und hohe Feuchtigkeit in Stängeln und Wurzeln sowie seine kühlenden Eigenschaften sind dagegen Qualitäten des Wasserelements.

Als »kalt, trocken und erdig« beschreibt der englische Arzt Nicholas Culpeper (1616–1654) den Beinwell (Fischer-Rizzi 2021, S. 39). Tatsächlich empfinden ihn die meisten Patienten bei der Anwendung als kühlend. Doch wie kommt der Arzt auf »trocken« bei dieser feucht-schleimigen Pflanze? Auch Leonhart Fuchs (1543/2017, S. CCLXVI) schreibt: »Die Walwurtz wermet unnd Trücknet im andern grad/zeücht auch seer zusamen.« Etwas klarer wird es bei Tabernaemontanus (1731/1982, S. 950): »Die Wallwurz ist von Natur rechtmäßig temperiert in der Wärme, mit einer schleimigen Feuchte«, die, wenn die Wurzel trockne, heftig abnehme, »weshalb die Alten schrieben, sie sei warm und trocken im andern Grad«.

Dicht an dicht – die Borstenhaare verdanken ihre Festigkeit der Kieselsäure.

Warm und trocken im »andern«, also bereits im zweiten Grad. Tabernaemontanus gibt einen wichtigen Hinweis auf die Zubereitung, durch die sich die ursprüngliche Qualität verändern lässt. Schon das Trocknen vermindert den Einfluss des Wasserelements (feucht und kalt) und fügt Feuer hinzu (trocken und warm). Wird die getrocknete Wurzel nun noch gekocht oder auf dem Feuer in Öl erhitzt, lässt sich diese Transformation noch verstärken.

Schon rund 400 Jahre zuvor zeigt uns Hildegard von Bingen (1098–1179), wie es gemacht wird. Bei einem Riss des Bauchfells empfiehlt sie, den Beinwell zusammen mit Sellerie in Wein zu kochen. Die Kräuter werden abgeseiht und warm auf die verletzte Stelle aufgelegt. Zum Wein kommen nun Zitwerwurzel, Zucker und gekochter Honig hinzu. Er wird nochmals kurz gekocht, durch ein Tuch gegeben und nach den Mahlzeiten und abends schluckweise getrunken.

Bei dieser etwas komplizierten, aber spannenden Rezeptur wird durch das Kochen die feucht-kalte Qualität des Beinwells verändert und ihr etwas Neues hinzugefügt, sodass er im Körper anders wirken kann. Damit das Häutchen wieder zusammenwächst, braucht es beides: »wohltuende Kälte«, damit es sich zusammenziehen und festigen kann, und »milde Wärme« (Pawlik 1990, S. 218), damit es heilen kann. Die (nun veränderte) Kälte des Beinwells im Verbund mit den anderen Pflanzen sowie der Wärme des Weins und des Honigs bewirken, was der Beinwell in seiner ursprünglichen Qualität nicht (oder nicht so gut) geschafft hätte.

Das Wissen um diese Qualitäten und die richtige Zubereitung könnte der Grund für die unzähligen Rezepte sein, in denen der Beinwell erwärmt oder mit anderen Pflanzen gekocht, mit Wein und Honig versetzt und möglichst heiß aufgelegt oder eingenommen wurde. Kaum etwas davon hat sich bis in unsere Zeit erhalten. Denn heute muss es vor allem schnell gehen und einfach sein. Eine Kompresse aus Beinwellpulver wird in der Regel mit kaltem Wasser angerührt, aufgelegt – fertig. Das muss nicht falsch sein. Oft lohnt es sich jedoch, auf die alten Rezepte zurückzugreifen.

Ein weiteres Beispiel: Hildegard warnt vor einem »unberechtigten« und unmäßigen innerlichen Gebrauch des Beinwells. Wenn ein Mensch ihn ohne rechtes Maß esse, so gebe er alle Säfte, die in ihm richtig geordnet sind, preis. Da sind wir in Gedanken schnell bei den Pyrrolizidinalkaloiden, einem Inhaltsstoff des Beinwells, der in massiver Überdosierung lebertoxisch wirken kann (siehe S. 63ff.). Doch die Äbtissin dachte nicht in diesen Kategorien und wusste auch noch nichts von Alkaloiden. Ihre Heilkunde fußt auf der Elementenlehre. Und danach kann der Beinwell tatsächlich ein Ungleichgewicht der Säfte im Körper hervorrufen. Als kalte, schleimig-feuchte Pflanze wird er – »ohne rechtes Maß« und in seiner ursprünglichen Form verwendet – genau diese Qualitäten in den Körper einbringen. Dies kann das Gleichgewicht der Elemente kippen lassen. Die betreffende Person wird den Beinwell vielleicht als zu kalt oder unangenehm empfinden, besonders dann, wenn sie in ihrer eigenen Konstitution ein Übermaß an Erde oder Wasser aufweist.

Beinwell auf der Seelenebene

Um einen Heilimpuls auf der Seelenebene zu empfangen, genügt es manchmal schon, ein wenig Zeit mit dem Beinwell zu verbringen, in die Stille zu gehen und sich für seine Botschaften zu öffnen. Dies kann bei einer Pflanzenmeditation, beim Verräuchern von Wurzeln oder Blättern oder beim achtsamen Ansetzen eines Heilmittels oder einer Blütenessenz geschehen.

Als das Konzept für dieses Buch entstand, habe ich eine Arbeitsgruppe ins Leben gerufen, die sich intensiv mit dem Beinwell beschäftigt hat. Sie bestand aus Seminarteilnehmerinnen und ehemaligen Schülerinnen der Wildkräuter- und Heilpflanzenausbildung. Es sind Freundschaften entstanden – sowohl unter den Teilnehmerinnen als auch mit dieser besonderen Pflanze. Es haben sich Beziehungen entwickelt, die tiefer gingen als dies am Anfang zu erwarten war.

Die Begegnungen auf der Seelenebene, so unterschiedlich sie auch gewesen sein mögen, lassen sich in folgenden Kernpunkten zusammenfassen:

Struktur und Ordnung

So wie der Beinwell auf der Körperebene Gewebe und Knochen strukturiert und Ordnung schafft, so scheint er auch emotionale Prozesse in dieser Richtung zu unterstützen. Er schärft den Blick fürs Wesentliche, für das, was gerade dran ist.

Ablenkungen und Abschweifungen dürfen sein, aber sie sind nicht wichtig. Sanft werden wir daran erinnert, dass es darum geht, die Dinge im Hier und Jetzt in die Hand zu nehmen.

Innere Kraftquelle

Beim Beinwell gibt es zwischendurch immer wieder eine Zeit, in der er einfach nicht mehr schön aussieht. Nach der Blüte lässt er sich hängen. Jetzt können wir jammern, ihn hochbinden (was ihn nicht unbedingt schöner macht) oder ihn einfach abschneiden. Das ist manchmal nötig, um Platz für Neues zu schaffen. Schon während wir schneiden, ist klar, was sehr bald geschehen wird. Der Beinwell holt kurz Luft, um dann frische, grüne Blattspitzen ans Licht zu schicken. Seine Kraftquelle liegt in den Wurzeln, in seiner Verbindung zur Erde. Und diese Quelle bleibt heil und gesund, unabhängig davon, wie er oberirdisch gerade aussehen mag. Selten habe ich es erlebt, dass sich die Wurzelqualität einer Pflanze so deutlich in all ihren oberirdischen Teilen ausdrückt. Beim Beinwell erzählt jedes Blatt, jede Blüte und jeder Samen von der Kraft und Vitalität seiner Wurzeln.

Verwurzelung

So hat die Beschäftigung mit dem Beinwell in den Seminargruppen oft auch zur Beschäftigung mit den eigenen Wurzeln geführt – zur Frage nach der eigenen Erdung und Verwurzelung. Wie sieht meine innere Kraftquelle aus, wie gut bin ich mit ihr verbunden? Kann ich daraus schöpfen, auch wenn ich gerade gebeutelt, beschnitten und verletzt werde?

Achtsames Graben erdet und verbindet mit den eigenen Wurzeln.

Einige Teilnehmerinnen haben begonnen, sich mit ihrer Familiengeschichte zu beschäftigen. Erinnerungen aus der Kindheit, an längst verstorbene Ahnen stiegen ins Bewusstsein und wollten gesehen werden.

Wieder heil werden

Der Wund- und Knochenheiler bezieht auch die Verletzungen auf der seelischen Ebene ein, holt sie zum Heilen ins Bewusstsein, wenn wir es zulassen. So wie er körperliche Wunden schließt, hilft er, auch lang zurückliegende seelische Wunden nochmals anzuschauen und heilen zu lassen. Ein solcher Prozess kann, muss aber nicht einhergehen mit einer körperlichen Verletzung, bei der dann der Beinwell eingesetzt wird.

Die Heilpraktikerin und Homöopathin Kim Fohlenstein hat in einem Vortrag über den Beinwell eine treffende Analogie gefunden: Ein winziger Teil der zerbrochenen Wurzel kann wieder eine vitale, gesunde Pflanze hervorbringen. Jedes Bruchstück trägt in sich das Wissen vom heilen Ganzen, kann es wieder neu entstehen lassen. Das ist ein ungeheuer tröstliches Bild für all diejenigen, die sich verletzt und gebrochen fühlen, handlungsunfähig, ohne Verbindung zu ihrer inneren Führung. Wieder eins werden, heil werden, sich erinnern an das gesunde Bild der eigenen Person – wenn wir uns dafür öffnen, begleitet uns der Beinwell auf diesem Weg.

»Entspann dich!«

Es ist erstaunlich, mit welcher Ruhe und Gelassenheit all dies geschieht. Das ist zumindest die Wahrnehmung vieler Teilnehmerinnen. »Komm mal runter, entspann dich.« Oder: »Es ist, wie es ist, und es ist gut so.« Sätze wie diese sind oft als Botschaft bei uns angekommen. Das mag vielleicht erst einmal banal klingen, ist aber mehr als das. Es ist eine Erinnerung daran, dass es Wichtigeres gibt als unsere momentane Befindlichkeit. Unsere Sorgen werden wieder an den rechten Platz gerückt. Der Blick wird klarer und die Unterscheidung, was wirklich wichtig ist und was sich nur an der Oberfläche bewegt, fällt leichter.

Vielleicht lässt sich diese Empfindung mit einem Bild beschreiben. Ein Mensch ist verzweifelt, schüttet sein Herz aus. Sein Gegenüber hört zu, kritisiert nicht, bewertet nicht, lässt sich aber auch nicht ins Elend hineinziehen, ist einfach nur da. Und genau dadurch darf sich etwas (auf-)lösen. Fast so, als ob sich ein Schleier hebt und wir uns für einen Moment lang wieder als Teil des großen Ganzen erleben dürfen.

Ein feuchter, nährstoffreicher Standort – so sieht ein Beinwellparadies aus.

Annehmen, was ist

Zum seelischen Gesundwerden gehört das Verzeihen – den anderen und auch uns selbst. In diesem Sinne ist eine große Beinwellstaude ein idealer »Gesprächspartner« für Menschen, die sehr streng mit sich umgehen, die hohe Ansprüche haben und sich oder anderen ihre Fehler immer wieder vorwerfen.

Einfach auf einer Wiese sitzen und mit offenem Herzen einen Beinwell betrachten – das kann uns versöhnen mit uns und der Welt, es kann Klarheit und Struktur ins innere Chaos bringen, uns zentrieren und neu ausrichten auf das, was wirklich zählt. Eine solche Zwiesprache kann zehn Minuten oder zwei Stunden dauern. Zeit spielt in Gegenwart dieser Pflanze keine Rolle, und das ist ein unschätzbares Geschenk in unserem hektischen und durchgetakteten Alltag.

Wahrnehmungsübung

Die folgende Übung habe ich in ihrer ursprünglichen Form bei Susanne Fischer-Rizzi kennengelernt.[14] Für mich ist sie ein wunderbarer Weg, um mit einer Pflanze in Kontakt zu treten und dabei gleichzeitig etwas über die Pflanze und mich selbst zu erfahren. Ich wende diese Übung oft an und habe sie in ähnlicher Form mit vielen Gruppen praktiziert. Nach und nach hat sich daraus eine Meditation entwickelt.

Pflanzenmeditation

Mach einen Spaziergang und such dir einen Platz, an dem du Beinwell finden kannst. Geh in einen entspannten Zustand, atme einige Male tief durch. Atme tief in den Bauchraum hinein, du kannst dabei die Augen schließen. Warte, bis du innerlich ruhig wirst und die Gerüche, die Geräusche und die Stimmung um dich herum ganz bewusst wahrnimmst. Lass alle deine Erwartungen fallen und öffne dich für das, was nun kommt.

Am besten ist es, wenn du alles, was du bisher über den Beinwell gelesen oder gehört hast, für eine Weile einfach vergisst. Das ist nicht einfach, aber vielleicht hilft dir dieses Bild dabei: Stell dir vor, dass du, wenn du deine Augen wieder öffnest, an einem unbekannten Ort bist und auf eine Pflanze triffst, die du zuvor noch nie gesehen hast.

Vorsichtig näherst du dich dieser Pflanze und setzt dich an einen Platz, von dem aus du sie gut beobachten kannst.

Zunächst geht es nur ums Wahrnehmen. Einfach nur anschauen und sehen, was vor deinen Augen liegt. Welche äußere Gestalt hat die Pflanze? Wie groß ist sie? Wächst sie aufrecht, hängend? Welche Farbe und Form haben ihre Blätter und Blüten? Sind die Blätter behaart oder glatt, glänzend oder stumpf, stachelig, länglich oder rund? Ist der Stängel vierkantig, dreikantig, geflügelt? Bleib ganz im Schauen und ohne Bewertung. Versuche einfach nur zu beschreiben, was du siehst. Das ist der erste Schritt.

Dann lass die Augen wandern und erkunde die Umgebung. Welche Pflanzen kannst du neben ihr sehen, wie sieht das Zusammenleben aus? Welche Tiere kommen zu Besuch, auf der Erde oder in der Luft? Wie ist der Standort beschaffen, der Boden, die Luft und das Klima?

Nun mach dir bewusst, an welcher Stelle in ihrem Lebenszyklus die Pflanze gerade steht. Keimling, Austrieb, Blüte, Samenbildung? Versuche, dir dabei auch die anderen Stadien vorzustellen. Sie sind Teil der Pflanze und sie sind genauso vorhanden, auch wenn du sie im Moment nicht wahrnimmst.

Jetzt frage dich: Wie wirkt diese Pflanze auf mich? Was löst sie in mir aus? Jetzt kannst du auch Gefühle zulassen. Wirkt sie abweisend, einladend, stark und zäh – oder eher zart und zerbrechlich? Kenne ich dieses Gefühl, aus der Kindheit, aus einer anderen Situation? Oder löst es etwas ganz Neues in mir aus?

Der letzte Schritt: Welche Kraft kann ich in der Pflanze erkennen, was drückt sie durch ihre Haltung aus? Welche Geste drückt sie in ihrem Wuchs, in ihrem Dasein aus? (Du kannst auch versuchen, diese Geste nachzubilden.) Welche Heilkraft könnte in ihr stecken? Du kannst die Pflanze einfach fragen und sie bitten, dir etwas darüber zu erzählen.

Am Ende bedankst du dich bei der Pflanze und allen Kräften, die dich unterstützt haben. Schreib deine Erfahrungen auf. Oft stellt sich ein paar Tage später ein Gedanke, eine Idee dazu ein. Oder es ergibt sich die Antwort auf eine Frage, die du gestellt hast.

Die Pflanzenmeditation ist eine Übung, um unsere Intuition zu schulen. Lassen Sie sich nicht entmutigen, wenn es nicht auf Anhieb klappt oder wenn es schwerfällt, sich darauf einzulassen. Das ist normal, aber es bleibt dennoch nicht ohne Wirkung. Es wird ein Samen gelegt, der sich bei jeder Annäherung weiterentwickelt, der keimt und wächst und schließlich eine tiefe Verbindung zu den Pflanzen schafft. Abgesehen davon tut den Pflanzen unsere Aufmerksamkeit und das achtsame Anschauen einfach gut.

Heilwirkung

Er ist zwar kein Alleskönner, aber es ist schon eine sehr breite Palette, bei der wir den Beinwell einsetzen können. Bei Beschwerden des Bewegungsapparats sowie Sport- und anderen Verletzungen wie Wunden oder Muskelschmerzen wird er in den allermeisten Fällen zuverlässig helfen. Knochenbrüche stehen auch heute noch ganz oben auf der Liste, selbst bei einem Gips gibt es Möglichkeiten, unterstützend mit ihm zu arbeiten. Bänder, Sehnen und Gelenke sprechen bei Verletzungen fast jeder Art gut auf eine Beinwellbehandlung an.

Daneben hilft er bei Indikationen, an die man vielleicht nicht sofort denkt, wie etwa Stirnhöhlen- oder Venenentzündungen, Lymphknotenschwellung, Dornwarzen und Lippenherpes. Auch bei älteren Verletzungen und Narben lohnt sich ein Versuch, genauso bei Phantomschmerzen nach einer Amputation.

Oft reicht eine kleine Dosis, manchmal eine einmalige Anwendung, um einen Impuls auszulösen und den Heilungsprozess in Gang zu bringen. Bei chronischen Beschwerden sollte man ihm etwas Zeit geben, dann arbeitet er gründlich und tiefgreifend. Doch gerade diese Zeit nehmen wir uns oft nicht mehr, weder für die Zubereitung der Heilanwendung noch für die Therapie insgesamt. Unser Lebensstil und unser Berufsleben erfordern es, dass wir schnell wieder belastbar und einsatzfähig sind.

Zwar kann Beinwell tatsächlich manchmal kleine Wunder vollbringen, was die Heilung von Wunden oder Knochenbrüchen angeht. Doch gerade bei länger andauernden Erkrankungen geht es darum, die eigentlichen Ursachen zu ergründen und diese zu verändern. Wir brauchen Geduld, doch auch auf diesem Weg kann der Beinwell ein guter Begleiter sein. In diesem Fall muss und sollte er nicht täglich und durchgehend eingesetzt werden, es muss auch nicht immer eine hoch konzentrierte Zubereitung aus der Wurzel sein. Kleine Impulse, gut dosiert, führen auf lange Sicht möglicherweise zu einer effektiveren und länger anhaltenden Besserung.

Die stark ordnende und strukturierende Wirkung des Beinwells im Körper zeigt sich besonders bei Knochenbrüchen. Fast ist es so, als würde er zielsicher die einzelnen Teile wieder an die richtige Stelle bringen. Nur so lassen sich die Erfahrungsberichte über erfolgreich geheilte komplizierte Brüche (z. B. Splitterbrüche) erklären.

So wie er festigt und zusammenfügt, kann er auch das Gegenteil bewirken und Ablagerungen, zum Beispiel an Gelenken, wieder auflösen. Auch hier geht es darum, die gesunde Form von Knochen und Gelenk wiederherzustellen. Das kann etwas dauern, und eine Heilungsgarantie gibt es nicht. Aber nicht selten schafft er es sogar, ein Überbein zum Verschwinden zu bringen.

Die Heilpraktikerin und Autorin Doris Grappendorf (2013, S. 115 f.) beschreibt die Erfahrungen, die sie mit dem Beinwell im Laufe vieler Jahre gemacht hat, so: »Es ist fast so, als ob der Beinwell genau wüsste, wie ein gesunder Knochen aussieht. Wenn wir ihn auf einen kranken Knochen geben, so arbeitet er so lange daran, bis er wieder die gesunde Form erhalten hat. Es ist fast schon unheimlich, wie genau er weiß, wie alles seinen Platz hat. Arthrotische Gelenke macht er wieder glatt, osteoporotische Knochen füllt er wieder auf. Jede Unebenheit gleicht er aus. Aber nicht nur die Knochen schaut er sich an, auch die Sehnen, Bänder und Muskeln, eben das ganze Bindegewebe unterstützt er in seiner Funktion. Alles wird wieder so hergestellt, wie es gesund aussehen soll. Wenn etwas in Unordnung geraten ist, so ordnet er es wieder, bringt alles wieder an seinen Platz, reguliert und lässt alles wieder auf seine natürliche Weise funktionieren.«

Manchmal kann es sinnvoll sein, ihn mit anderen Heilpflanzen zu kombinieren, zusätzlich die Ernährung umzustellen oder auch den Lebensstil zu ändern. So sollte zum Beispiel bei Beschwerden aus dem rheumatischen Formenkreis die äußerliche Beinwellanwendung mit einem Ausleitungstee ergänzt werden, der Niere und Leber anregt. Wenn ein entzündlicher Prozess in den Gelenken im Spiel ist, tut es gut, die Beinwelltinktur mit Weidenrinde zu mischen. Und wenn Fehlbelastungen für Gelenkschmerzen verantwortlich sind, kann der Beinwell zwar die Symptome beheben, sie werden jedoch wiederkehren, wenn die Ursache nicht beseitigt wird.

Seine Heilwirkung in Kurzform: Beinwellwurzel und -kraut sind entzündungshemmend, antibakteriell und reizmildernd. Sie wirken abschwellend und schmerzlindernd, sind wundreinigend und zusammenziehend. Sie fördern die Granulation, also die Bildung von neuem Bindegewebe in einer Wunde, und die Epithelisierung – die letzte Phase der Wundheilung, die sich an die Granulation anschließt. Beinwell fördert außerdem die Kallusbildung – damit ist das Gewebe gemeint, das den Knochenspalt als Erstes überbrückt. Besonders bei Salbenanwendungen und Kataplasmen wird ihm eine große Tiefenwirkung zugesprochen.

Beschwerden des Bewegungsapparats

Arthrose/Arthritis

Bei Gelenkschmerzen, egal welcher Art, sollte man an den Beinwell denken. Bei Arthrose und Arthritis kommt besonders seine schmerzstillende, entzündungshemmende und knorpelregenerierende Wirkung zum Tragen. Er wird als Auflage, Salbe oder Tinktur angewendet: Die betroffenen Stellen werden mehrmals täglich eingerieben oder eine Kompresse aufgelegt. In der Regel setzt die Wirkung recht schnell ein. Bei akuten Entzündungen wird besonders die kühlende und schmerzstillende Wirkung als angenehm empfunden.

Die Wirksamkeit des Beinwells bei Arthrose (besonders des Kniegelenks), Arthritis und anderen Beschwerden des rheumatischen Formenkreises ist ausführlich belegt (Schulz 2008).[15]

Heberden-Knötchen

Das sind meist verschleiß- und ernährungsbedingte Verformungen der Fingerendgelenke. Da sie oft mit einer Entzündung einhergehen, ist hier eine Mischung aus Beinwell- und Weidenrindentinktur zu gleichen Teilen hilfreich. Die Gelenke werden mehrmals täglich damit eingerieben.

Muskelschmerzen

Muskelverspannungen und -schmerzen werden manchmal zum Dauerzustand. Dann ist es wichtig, die Ursache zu klären und zu beheben. Währenddessen kann Beinwell den Schmerz lindern, entweder allein oder in Kombination mit dem entspannenden Johanniskrautöl. Dazu wird mehrmals täglich die Salbe oder Tinktur aufgetragen, auch warme Auflagen helfen gut. Die Wirksamkeit von Beinwell bei Muskelschmerzen ist ebenfalls durch Untersuchungen belegt (Schmidt 2006; Staiger 2005). Er hilft übrigens auch bei einem ganz normalen Muskelkater.

Muskelfaserriss/Muskelriss

Ruhigstellen ist das erste Gebot, Belastungen und sportliche Aktivitäten sind einzustellen. Unterstützend hilft Beinwell als Salbe, Auflage oder Tinktur, die mehrmals täglich aufgetragen werden. Meist sind kühlende Anwendungen angezeigt, manche Menschen empfinden jedoch wärmende Auflagen als angenehmer.

Knochenbrüche

Jetzt sind wir beim Spezialgebiet des »Knochenheilers«. Der Inhaltsstoff Allantoin ist ein wesentlicher Faktor, der die Neubildung der Zellen, das »Zusammenwallen« der Knochen erklären kann. Knochenbrüche wurden früher mit Beinwellgips behandelt – einer Paste aus frisch geriebenen Wurzeln oder Wurzelpulver. Heute können unterstützend äußerlich Salbe oder Tinktur und innerlich homöopathische Medikamente eingesetzt werden. Ist das an der betreffenden Stelle nicht möglich, etwa wegen eines »normalen« Gipsverbands, dann kann die gegenüberliegende Seite auf die gleiche Weise behandelt werden. Offenbar schafft es der Körper, die Behandlung an der richtigen Stelle anschlagen zu lassen.

Besonders bei Brüchen, die nicht operiert werden können, ist Beinwell ein guter Begleiter. Das kann eine gebrochene Kniescheibe, das Steißbein oder der Zeh sein. Zuerst wird eine Beinwelltinktur eingerieben (sie ist in der Regel ein bisschen stärker als Salbe), danach ein Salbenverband angelegt. Beinwell lindert die Schmerzen recht schnell und setzt den Heilungsprozess in Gang. Auch bei der Nachbehandlung von Brüchen kann Beinwellsalbe oder -tinktur eingesetzt werden.

Erfahrungsbericht: Komplizierter Bruch heilt ohne Operation

»Meine Mutter hatte sich bei einem Sturz den rechten Oberarmkopf mehrfach gebrochen, sie war zu diesem Zeitpunkt 70 Jahre alt. Die Ärzte rieten zuerst zu einer Operation, sie entschied sich aber für eine konservative Behandlung. Wir begannen mit Auflagen aus Beinwellwurzelpulver, zunächst auf der gegenüberliegenden Seite, da sie an der gebrochenen Schulter eine Schultergelenkorthese tragen musste. Parallel dazu nahm sie dreimal täglich fünf Globuli Symphytum D6, außerdem Arnica und Nux vomica, zusätzlich Kalziumtabletten. Dreimal täglich trank sie einen Tee aus Brennnessel und Weidenrinde, später auch mit Schachtelhalm. Anfangs musste sie auch starke Schmerzmittel einnehmen. Zehn Tage später begann sie unter Anleitung mit Bewegungsübungen und Physiotherapie. Nun konnte auch das gebrochene Schultergelenk direkt mit Beinwellauflagen, Wala Aconit Schmerzöl und Retterspitz behandelt werden. Alle Präparate, Tees und Auflagen hat sie so lange eingenommen und angewandt, bis sie sie ›nicht mehr sehen konnte‹. Die meisten hatten nach sechs Wochen ihren Dienst getan. Nach zweieinhalb Monaten konnte sie wieder Auto fahren und mit dem rechten Arm schalten. Die Brüche heilten weiterhin gut. Zur Heilung hat sicher auch ihre unfassbar positive Einstellung beigetragen.«

Kristina Meurer, Frankfurt

Dann gibt es noch die andere, die nichtstoffliche Ebene, auf der Beinwell wirkt. Sie wird von Wolf-Dieter Storl (2018, S. 40 f.) so beschrieben: »Die ganze Pflanze und vor allem die schleimhaltige Wurzel strotzt nur so vor lauter Lebenskraft oder – wie die biologisch-dynamischen Bauern sagen würden – vor ätherischer Energie. Inzwischen glaube ich, dass die zerriebenen Wurzeln (als Umschlag) weniger wegen ihrer Wirkstoffe […] zerbrochene Knochen oder tief liegendes Gewebe heilen, sondern vor allem durch die Abstrahlung ihrer überschüssigen ätherischen Energie.« In seinen Büchern beschreibt Storl (ebd., S. 41), wie er Knochenbrüche am eigenen Leib mit Beinwell behandelt hat: »Ein Umschlag aus den geraspelten, vor Leben strotzenden Beinwellwurzeln hilft (um es mit den Worten Rudolf Steiners zu sagen) dem Ätherleib – dem ›Energieleib‹, der das Muster oder den Organisationsplan des Körpers enthält –, die archetypische Form des jeweiligen verletzten Körperteils wieder herzustellen.«

Weitere Indikationen: Knochenentzündung, Knochenmarksentzündung, Knochenhautentzündung

Rückenbeschwerden

Das können Bandscheibenbeschwerden, Hexenschuss, Entzündungen oder Schmerzen sein, die von einer Überlastung oder Verformung der Wirbelsäule herrühren. Eine Studie belegt die schnell eintretende schmerzstillende Wirkung von Beinwellwurzelextrakten bei akuten Schmerzen im oberen oder unteren Rücken: Der Bewegungsschmerz der Patienten ließ um 95,2 Prozent nach, die Wirkung trat schon innerhalb von einer Stunde ein (Gianetti et al. 2010). Als ebenfalls wirkungsvoll gegen die Schmerzen erwies sich eine Salbe, die aus den oberirdischen Pflanzenteilen besteht (Koll et al. 2000).

Sportverletzungen

Bei vielen Sportlern hat die Beinwellsalbe einen festen Platz in der Sporttasche. Dass Beinwell so schnell wirkt, wenn es drauf ankommt, macht ihn hier so wertvoll. Er regt eine rasche Neubildung des Gewebes an, Schmerz und Schwellung lassen nach, er unterstützt die allgemeine Regeneration des Bewegungsapparats (ebd.). Gerade bei Verstauchungen kommt es auf eine schnelle Behandlung und Kühlung an. Wenn der Unfall zu Hause oder unterwegs passiert, können als Erste Hilfe auch große Beinwellblätter, leicht angequetscht, direkt oder in ein Tuch gehüllt, aufgelegt werden. Sie erfüllen den gleichen Zweck – sie kühlen und mindern die Schwellung. Das Gleiche gilt für Blutergüsse, Quetschungen, Prellungen oder Verrenkungen.

Weitere Indikationen: Bänderriss, Schleimbeutelentzündung, Sehnenscheidenentzündung, Sehnenriss oder Sehnenanriss sowie Kniegelenksverletzungen

Überbein / Hallux valgus / Karpaltunnelsyndrom

Ein **Überbein** ist eine Art Geschwulst, die sich zumeist an der Gelenkkapsel der Hand oder am Fußrücken bildet. Es ist harmlos, kann aber die Bewegung schmerzhaft einschränken. Die Behandlung mit Beinwellsalbe oder -tinktur bringt in vielen Fällen Erfolg. Es ist jedoch Geduld nötig.

Ähnlich kann man auch beim **Karpaltunnelsyndrom** und **Hallux valgus** (Ballenzeh) vorgehen. Die Salbe wird mehrmals täglich einmassiert und der Heilung ein wenig Zeit gegeben. »Gerade die weichen Gelenkteile wie Überbein, Hallux und Karpaltunnelsyndrom scheinen sehr gut auf Beinwell anzusprechen.«[16] Es gibt viele Menschen, bei denen sich der Hallux valgus nach Beinwellanwendungen ganz zurückgebildet hat und die auf eine Operation verzichten konnten. In anderen Fällen trägt Beinwell zumindest zur Schmerzlinderung bei.

Fersensporn

Als unterstützende Behandlung wird mehrmals täglich Salbe oder Tinktur aufgetragen. Damit der Fersensporn wieder verschwindet, muss die Ursache (meist eine Fehlbelastung) beseitigt werden. Regelmäßige (Dehn-)Übungen sind unerlässlich.

Wundheilung

Nur wenige Pflanzen unterstützen die Wundheilung besser als Beinwell. Verantwortlich ist das Allantoin im Verbund mit seinen anderen Inhaltsstoffen. Sie helfen dabei, dass sich neues Gewebe bilden kann, Wundsekret wird verflüssigt und die Entzündung eingedämmt. Toxische Abbauprodukte können leichter abtransportiert werden, da die Durchblutung des Gewebes steigt. Schmerzen und Schwellungen lassen nach, die Haut heilt in der Regel gut und ohne Vernarbungen.

Schürfwunden

Viele Untersuchungen haben bestätigt, dass Beinwell die Wundheilung deutlich beschleunigt. In einer Studie, in der die Abheilung von Schürfwunden untersucht wurde, bewerteten Ärzte die Wirksamkeit einer standardisierten Beinwellcreme in 93,4 Prozent der Fälle mit gut bis sehr gut (Barna et al. 2007). Ähnlich sah es bei einer Untersuchung mit Kindern zwischen vier und zwölf Jahren aus, bei der Beinwellsalbe sowohl auf intakter als auch verletzter Haut (Abschürfungen und oberflächliche Wunden) getestet wurde (Kucera et al. 2018). In beiden Fällen wurden PA-freie, standardisierte Salben oder Cremes verwendet. Die Autorin und Phytotherapeutin Ursel Bühring sagt dazu: »Die frühere Lehrmeinung, Beinwell sei nur auf intakter Haut anzuwenden, gilt als überholt, seit es PA-freie Zubereitungen gibt.« Mit diesen Salben aus der Apotheke »ist die Anwendung laut Wissenschaftlern der Uniklinik Freiburg auch auf verletzter Haut wie bei Schürfwunden, Dekubitus (Wundliegen) und explizit auch bei Kindern möglich, gut verträglich und bestens wirksam« (Štepán et al. 2014).

Übrigens lohnt es sich auch bei älteren Wunden oder Narben, die noch Probleme bereiten, dem Beinwell eine Chance zu geben.

Dekubitus/offenes Bein

Was für die Wundheilung gilt, trifft auch bei Druckgeschwüren (Dekubitus) zu, auch hier haben Studien die traditionellen Anwendungen bestätigt. Verwendet wurden standardisierte Salben aus dem Beinwellkraut, die Wirksamkeit bewerteten Ärzte und Patienten als »überraschend gut« (ebd.). Tatsächlich heilten fast 80 Prozent der Geschwüre innerhalb von vier Wochen vollständig ab.

Die ältere Generation kennt solche Heilerfolge noch aus eigener Erfahrung. Wenn nichts mehr ging, dann half der Beinwell, um ein Druckgeschwür oder ein offenes Bein zu behandeln. Mitunter reichte es schon aus, die gewalkten oder kurz überbrühten Blätter auf die gereinigte Wunde aufzulegen, um eine Besserung zu erzielen.

Eine gute Methode ist es auch, die Wundränder abwechselnd mit Beinwell und Johanniskrautöl zu behandeln.

Erfahrungsbericht: Vereiterte Wunde schließt sich mit Beinwell

»Mein Onkel hatte sich im Urlaub mit dem Staphylococcus aureus infiziert, der auch im Blut gefunden wurde. Ein Jahr später bekam er dadurch einen schmerzhaften Abszess im Knie, der vorne und hinten operativ ausgeräumt werden musste. Nach sechswöchiger Antibiotikatherapie (Infusion) wurde er entlassen, zwei weitere Wochen bekam er eine orale Antibiotikatherapie. Die Wunde im Knie hatte sich jedoch an der Rückseite nicht geschlossen und eiterte sehr, sie war etwa 2,5 cm tief, 5 cm lang und 3 cm breit.

Ich pflegte ihn bei mir zu Hause und begann mit einer Beinwellbehandlung. Ich habe den Eiter immer wieder abgetragen und mehrmals täglich auf das darunter liegende saubere Gewebe unter hygienischen Bedingungen Beinwellsalbe aufgetragen, ebenso auf die Wundränder, dann steril verbunden. Zehn Tage habe ich die Therapie durchgeführt, in dieser Zeit hat sich die Wunde immer mehr geschlossen. Als mein Onkel wieder nach Hause fuhr, war die Wunde noch 0,5 cm breit und tief. Von der Wirkung der Beinwellsalbe war ich sehr beeindruckt. Es war ein super Heilerfolg!«

Ingrid Ulrici, Frankfurt

Geburtsverletzung/Dammschnitt

Viele Hebammen schwören auf Beinwellanwendungen zur Heilung des Dammschnitts nach der Geburt. Beinwell bewirkt eine rasche Heilung des Gewebes, sorgt für eine gute Vernarbung und elastisches Gewebe. Die Hebamme und Fachbuchautorin Ingeborg Stadelmann empfiehlt bei Geburtsverletzungen wie dem Dammschnitt eine Beinwellsalbe (PA-frei), die nach einem ihrer Rezepte hergestellt wurde. Beinwell fördere die Heilung tiefer Wunden, indem er die Zellerneuerung aktiviere, schreibt sie (Stadelmann 2020, S. 443 f.).

Weitere Anwendungen

Aphthen

Die kleinen Bläschen in der Mundschleimhaut werden ein- bis zweimal täglich mit etwas Beinwelltinktur oder -öl betupft. Sie heilen in der Regel schnell und schmerzlos ab.

Dornwarzen

Dies ist nicht unbedingt eine naheliegende Indikation für den Beinwell, aber hier hilft er sehr wirkungsvoll. Um die Dornwarzen zu behandeln, reicht eine einfache Beinwellsalbe aus einem Wurzelölauszug mit Bienenwachs aus. Sie wird auf ein Pflaster aufgetragen, das dann luftdicht auf die Dornwarze unter der Fußsohle geklebt wird. Dort bleibt es kleben, bis es von selbst abfällt. Dann wird es erneuert. Nach etwa drei Wochen sollte die Dornwarze verschwunden sein.

Herpes labialis

Es scheint noch kein wirkliches Heilmittel gegen Lippenherpes zu geben, aber mit einer Kombination verschiedener Pflanzen kann man die Viren ganz gut in Schach halten. Beinwell gehört dazu. Sein Schleim enthält Lysin, eine basische Aminosäure. Es gibt Untersuchungen, nach denen dieser Stoff die Heilung von Herpesbläschen beschleunigen kann. Das dürfte der Grund für die gute Erfahrung sein, die eine Seminarteilnehmerin mit einer selbst hergestellten Beinwellcreme gemacht hat.

Erfahrungsbericht: Lippenherpes ade

»Ich hatte mal wieder ein Herpesbläschen, aber gerade keine Salbe zur Hand. Da fiel mir die Creme in die Hände, die wir im Seminar gekocht hatten. Ich rieb die Stelle damit ein und war erstaunt über die schnelle Heilung. Das ist das beste Herpesmittel, das ich je hatte.«

Heike Bach, Sulzbach

Auch eine Beinwelltinktur bewirkt, dass die Bläschen schneller abheilen. Meine Erfahrung ist, dass sich die Herpesviren nach einer Weile auf jedes Mittel einstellen und es dann weniger gut wirkt. Deshalb wechsle ich zwischen den drei Mitteln, die mir am besten geholfen haben: Propolis, Beinwell- und Melissenauszüge.

Kiefern- und Stirnhöhlenentzündung

Kiefern- und Stirnhöhlenentzündungen können schmerzhaft und langwierig sein. Die Beinwellschleime wirken entzündungshemmend, erweichend und schmerzstillend. Mit regelmäßigen Auflagen (ein- bis zweimal täglich) sollte sich der Eiter nach wenigen Tagen schon lösen und das Atmen leichter werden. Dann noch bis zur Ausheilung weiterbehandeln.

Leistenbruch

Hier ist zunächst abzuklären, ob eine Operation nötig ist. Beinwell kann unterstützend eingesetzt werden, denn er stärkt das Gewebe. Dazu werden Kompressen mit Beinwelltinktur oder -paste (aus Pulver oder frisch geriebener Wurzel) aufgelegt oder die Stelle mehrmals täglich mit Beinwellsalbe eingerieben. Innerlich kann der Heilungsprozess mit *Symphytum*-Globuli unterstützt werden.

Lungenbeschwerden

Die Kieselsäure im Beinwell stärkt das Lungengewebe, die Schleime ziehen die Entzündung heraus, deshalb war die Pflanze lange Zeit ein Behandlungsmittel für vielerlei Lungenleiden bis hin zur Tuberkulose. Maria Treben, Kräuterpfarrer Künzle und einige andere Kräuterkundige empfahlen ein Glas Beinwellwein zur Stärkung der Lunge, außerdem bei Husten, hartnäckiger Bronchitis und vielen anderen Beschwerden. Nach einem alten Rezept ließ man etwas klein geschnittene Beinwellwurzel in einem Liter Wein fünf Wochen ziehen und trank davon täglich ein Likörgläschen.

Das wird heute nicht mehr empfohlen, allerdings können wir mit Beinwellauflagen das Lungengewebe stärken. Dazu wird mit fein geriebenen oder im Mörser zerstoßenen Wurzeln eine Paste angerührt (am besten mit etwas Honig aufkochen) und mehrmals täglich für eine halbe Stunde aufgelegt. Ähnlich ließe sich eine Beinwell-Harz-Salbe verwenden.

Wirkungsvoll können auch Inhalationen mit aufgebrühten Beinwellblättern, auch gemischt mit Minze, Thymian oder Lavendel, sein. Der aufsteigende Dampf hilft beim Durchatmen, der Schleim kann besser abgehustet werden.

Lymphknotenschwellungen

Beinwell wirkt unter anderem durch Kieselsäure und Allantoin abschwellend. Bei Lymphknotenschwellungen können deshalb Beinwellsalbe, -creme oder auch eine Beinwellauflage helfen (Bühring 2020, S. 70).

Einige meiner Seminarteilnehmerinnen haben gute Erfahrungen damit gemacht, nachdem nach der Covid-19-Impfung der Arm an der Einstichstelle angeschwollen war und schmerzte. In der Regel reichte es, die Beinwellsalbe ein- bis zweimal aufzutragen. In einem schwereren Fall, als die Schwellung und die

Schmerzen über längere Zeit nicht verschwinden wollten, half eine Beinwell-Honig-Auflage.

Magenentzündungen

Magenbeschwerden von der Entzündung über Blutungen bis hin zu Geschwüren wurden lange Zeit mit Beinwelltee und anderen innerlichen Anwendungen behandelt. Offenbar hemmt Beinwell ein Prostaglandin, das Entzündungen der Magenschleimhaut hervorruft (Mabey 1995, S. 33). Auch bei Entzündungen und Geschwüren des Darmes kam er zum Einsatz. Beinwell wirkt einem übersäuerten Magen entgegen, er beruhigt die Magenschleimhaut und hilft dabei, innere Wunden zu heilen.

Das sind Anwendungen, gegen die von der Wissenschaft heute Bedenken geäußert werden, sie lehnt die innere Anwendung von Beinwelltee generell ab. Hier gilt es abzuwägen, ob eine kurzfristige Anwendung, zum Beispiel eines Blättertees, vertretbar ist. Das sollte jede und jeder für sich selbst entscheiden. Eine andere Möglichkeit besteht darin, äußerlich Auflagen und Wickel mit Blätter- oder Wurzelauszügen in der Magengegend anzuwenden.

Parodontose

Gerbstoffe, Schleime und Allantoin im Beinwell kräftigen das Zahnfleisch und lindern Entzündungen. Gut bewährt hat sich eine Mischung aus Beinwell- und Blutwurztinktur.

Man kann es auch nach der alten Methode probieren: Dazu wird ein Blättchen oder ein Stängelstück des Beinwells gut durchgekaut, eine Weile im Mund behalten und nachfolgend ausgespuckt. Bei einer Entzündung der Mundschleimhaut kann man den Mundraum mehrmals täglich mit Beinwelltee spülen.

Schuppenflechte

Bei der Schuppenflechte erneuern sich die Zellen der Oberhaut zu schnell, sie wuchern regelrecht. Dem setzt der Beinwell als Saturnpflanze Grenzen, indem er das Zellwachstum reguliert (Brooke 1996, S. 259). Gleichzeitig befeuchtet und beruhigt er die ausgetrocknete und entzündete Haut. Als Intervalltherapie sind Anwendungen mit Beinwellöl oder -salbe möglich, genauso ein Bad mit einem Beinwelltee.

Venenentzündung

Hier helfen sowohl kühlende Beinwellumschläge aus dem Pulver oder der frisch geriebenen Wurzel als auch Beinwellsalbe. Es empfiehlt sich außerdem eine Kombination mit Huflattichblättern und Ringelblumenblüten. Beides wird klein geschnitten, in wenig Wasser gemörsert und als Breiumschlag zusammen oder abwechselnd mit dem Beinwell aufgelegt.

Wichtig: Bei Venenentzündungen ist eine ärztliche Abklärung nötig!

Die außergewöhnlichste Erfahrung mit Beinwell, die ich kenne, stammt von Rosemary Gladstar, deshalb möchte ich sie an das Ende dieses Kapitels stellen. Gladstar ist Pflanzenkundige und Gründerin der ersten Kräuterschule in Kalifornien sowie Mitbegründerin des International Herb Symposium und der New England Women's Herbal Conference.

Erfahrungsbericht: Geheilt nach 18 Monaten

In den 1970er-Jahren wurde Rosemary Gladstar als junge Frau von einem Motorradfahrer angefahren und schwer verletzt. »In den Graben neben eine kleine Pflanze namens Self Heal geworfen, setzte ich mich nur lange genug auf, um Knochen aus meinen Beinen ragen zu sehen, legte mich wieder hin und beschloss, das Universum sich darum kümmern zu lassen.«

Nach mehreren Monaten und zwei Operationen eröffneten ihr die Ärzte, dass ihr rechtes Bein nicht heilen würde und eine zusätzliche Operation nötig sei, bei der man ihr dauerhaft eine Metallplatte vom Knie bis zum Knöchel implantieren müsse. Sie entschied sich dafür, es mit Beinwell zu versuchen.

»In den nächsten Monaten trank und aß ich reichlich Beinwell, lernte, mit meinem Gipsverband recht anmutig zu manövrieren und besuchte regelmäßig meinen Arzt.« Der teilte ihr genauso regelmäßig mit, dass sie dumm sei und dass ihr Bein angesichts des Zustands der Knochen nicht heilen werde. Sie versicherte ihm im Gegenzug, dass es doch sein könne und sie einfach nur Zeit wolle, um es zu versuchen.

»Ich habe 110 Möglichkeiten entdeckt, Beinwell zu kochen, Beinwell zu entsaften und Beinwell zu trinken. Ich glaube, ich wurde grün um die Kiemen herum. Es dauerte 18 anstrengende Monate, aber es war ein freudiger Tag, als mein Gips abgenommen wurde. Ich hatte einen verheilten Knochen.«

(Gladstar 2020, S. 236 f.)

Gladstar hat immer wieder gemahnt, nicht vorschnell zu urteilen (ebd., S. 237): »Obwohl es wichtig ist, offen für die möglichen Gefahren von Beinwell zu sein, ist es genauso wichtig, die Informationen und Fehlinformationen zu sichten und sich eine Meinung zu bilden, die auf Fakten basiert, anstatt auf Hysterie.« Ein sehr lesenswerter Text zum Beinwell, der auch diese Geschichte enthält, steht in ihrem erstmals 1993 erschienenen Buch »Herbal Healing für Women«. Das ist lange her, doch ihre Meinung hat sich nicht geändert: Sollte tatsächlich sicher bewiesen werden, dass er toxisch sei, so werde sie ihren letzten Teller Beinwell essen, schrieb sie mir in einer E-Mail. Doch bis dahin wolle sie weiter seine Fürsprecherin sein.

Vorgaben für den medizinischen und therapeutischen Gebrauch

Es gibt genaue Regeln für die therapeutische und medizinische Anwendung von PA-haltigen Heilmitteln, herausgegeben vom Committee on Herbal Medicinal Products (HMPC). Das Komitee hat Mitte 2020 neue Grenzwerte dafür verabschiedet.[17] Für Erwachsene wird danach eine maximale Tagesdosis von 1,0 Mikrogramm (µg) empfohlen, für Kinder (20 kg Körpergewicht), Schwangere und Stillende von 0,5 µg. Die Werte gelten sowohl für die innere als auch für die äußere Anwendung (auf intakter Haut). Eine zeitliche Beschränkung wird nicht mehr genannt.

Mit der neuen Empfehlung werden die seit 2014 geltenden Werte wieder etwas gelockert. Bisher betrug die maximal Tagesdosis 0,35 µg PA für Erwachsene mit einem Körpergewicht von 50 Kilo, die zeitliche Anwendung war auf maximal zehn Tage beschränkt. Für ein Kind von 20 Kilo Gewicht galt die maximale Dosis von 0,14 µg.

Eine Ausnahme für die Anwendung auf offener Haut ist die Traumaplant Schmerzcreme, die aus einer speziell gezüchteten Sorte hergestellt wird. Laut Herstellerangaben darf sie auch auf »begleitenden offenen Schürfwunden« eingesetzt werden.[18]

Für die innere Anwendung des Beinwells sind im therapeutischen Rahmen homöopathische und spagyrische Mittel erlaubt.

Anwendung bei Kindern

Auch Kinder dürfen mit Beinwell behandelt werden. Die Indikationen umfassen vor allem Verstauchungen, Prellungen, Nachbehandlung von Wunden, Sportverletzungen, Muskelverspannungen oder Muskelkater. Eine aktuelle Studie bescheinigt Beinwellanwendungen ein »ausgezeichnetes Nutzen-Risiko-Verhältnis [...] bei der Behandlung von stumpfen Traumata und Sportverletzungen bei Kindern mit intakter und verletzter Haut« (Kucera et al. 2018, S. 135).

Jedoch darf die Salbe oder Creme auch hier nur auf intakter Haut und nur äußerlich angewendet werden. Ausnahme ist erneut die Traumaplant Schmerzcreme. Daneben gibt es je nach Hersteller in Bezug auf das Alter und die Anwendungsdauer weitere Beschränkungen, zum Beispiel:

- Traumaplant: Anwendung bei Kindern von sechs bis zwölf Jahren maximal dreimal täglich, bei Kindern ab zwölf Jahren mehrmals täglich möglich; Traumaplant darf auch auf verletzte Haut, etwa eine Schürfwunde, aufgetragen werden.
- Kytta-Salbe: Anwendung bei Kindern ab acht Jahren und Jugendlichen nicht länger als eine Woche.[19]

Ursel Bühring empfiehlt, bei Kindern generell auf Nummer sicher zu gehen und keine selbst hergestellte, sondern eine Salbe aus der Apotheke zu verwenden. »Aber eine Auflage als Erste-Hilfe-Schmerzpackung, wenn Sie unterwegs sind und sich Ihr Kind eine (stumpfe, geschlossene) Verletzung zufügt, die dürfen Sie getrost anwenden« (Bühring et al. 2015, S. 203). Dazu kann eine frische Beinwellwurzel zerstoßen und als Breiumschlag aufgelegt werden.

Nebenwirkungen

Nebenwirkungen sind nicht bekannt. Für die im Handel erhältlichen Cremes und Salben wird als Nebenwirkung in sehr seltenen Fällen eine leichte Hautrötung beschrieben. Für die Anwendung bei Schwangeren, Stillenden und Kindern unter drei Jahren liegen den Herstellern keine ausreichenden Erfahrungen vor, deshalb raten sie davon ab, ihre Präparate bei diesen Personengruppen anzuwenden.

In seltenen Fällen können Hautrötungen auftreten, wenn frische Blätter als Auflage verwendet werden. In diesem Fall sind die Borstenhaare des Beinwells dafür verantwortlich. Das lässt sich vermeiden, indem man die Blätter mit etwas Wasser mixt, dann abseiht und den Saft auf eine Kompresse gibt und diese auflegt.

Beinwell enthält in Spuren Pyrrolizidinalkaloide, die bei massiver Überdosierung lebertoxisch wirken können (siehe S. 63ff.). Deshalb wird die innere Anwendung heute nicht mehr empfohlen, die äußere ist zeitlich zu beschränken.

Beinwell in der Homöopathie

Obwohl Beinwell als Heilpflanze eine lange Tradition hat, gehört er in der Homöopathie nicht unbedingt zu den bekanntesten Mitteln. Er gilt eher als sogenanntes kleines Mittel, das weniger oft verwendet wird, und es liegen nur fragmentarische Arzneimittelprüfungen vor.

Häufiger als Globuli wird die homöopathische Urtinktur verwendet, noch beliebter sind Komplexmittel, in denen Beinwell mit Pflanzen wie Johanniskraut, Arnika, Ringelblume oder anderen kombiniert wird. Verschiedene Hersteller bieten sie in Tropfenform, als Globuli, Tabletten oder Salben an, man bekommt sie in der Apotheke auch zur Selbstmedikation.

Herstellung der homöopathischen Heilmittel

Zur Herstellung der homöopathischen Heilmittel wird überwiegend die Wurzel verwendet, so wie es schon bei Hahnemann angegeben ist: »[d]ie große ästige, äußerlich schwarzlichte, innerlich weiße Wurzel, bei nicht allzu starker Wärme getrocknet« (Sollmann 2014, S. 196). Nach traditionellen Gesichtspunkten wird sie im Frühjahr vor der Blüte oder im Herbst spätabends gegraben, idealerweise, wenn der abnehmende Mond in einem der Erdsternzeichen steht: Stier, Jungfrau oder Steinbock, schreibt der Heilpraktiker und Autor Christian Sollmann (2014, S. 197). Nach seinen Recherchen verwenden viele Firmen die Frühjahrs-, wenige die Herbstwurzel.

Eine Firma verwendet sowohl die Wurzel als auch die oberirdischen Teile, jedoch für unterschiedliche Anwendungsgebiete. Schaut man sich die Entwicklung und Verteilung der Inhaltsstoffe im Lebenszyklus der Pflanze an, so ist das durchaus sinnvoll.

Urtinktur zur äußeren Anwendung

Die homöopathische Urtinktur ist eine Zubereitung, bei der entweder der frische Pflanzenpressaft mit Alkohol gemischt wird oder frische Pflanzenteile in Alkohol extrahiert werden. Über die homöopathische Urtinktur heißt es in einem Kräuterbuch von Dinand (1926, S. 172): »Die Tinktur wird innerlich gegen Knochenleiden, äußerlich, mit Wasser gemischt, zu Umschlägen bei Knochenbrüchen, Verletzungen, Quetschungen, Verletzungen der Knochen und Knochenhaut angewendet.«

Im Wesentlichen werden die Anwendungen für *Symphytum* auch heute noch so beschrieben. Allerdings wird die Urtinktur nicht mehr innerlich eingenommen, sondern aufgrund der strengeren Grenzwerte für Pyrrolizidinalkaloide (PA) nur noch äußerlich als Auflage, Kompresse etc. eingesetzt.

Globuli zur inneren Anwendung

Zur therapeutischen inneren Anwendung des Beinwells gibt es *Symphytum* als Globuli oder in Tablettenform. Bei ihnen liegen die PA unter der Nachweisgrenze.

Die Deutsche Homöopathie-Union (DHU) empfiehlt zur Selbstbehandlung grundsätzlich nur die niedrigen Potenzen D6 und D12. Da viele Faktoren berücksichtigt werden müssen, um ein homöopathisches Mittel richtig zu bestimmen und anzuwenden, sollte bei höheren Potenzen generell eine homöopathisch erfahrene Therapeutin oder ein entsprechend geschulter Arzt befragt werden.

In den niedrigen Potenzen ist *Symphytum* vor allem ein Notfall- und Akutmittel bei Verletzungen der Gelenke und Knochen. Die Wirkung auf der körperlichen Ebene ist ähnlich wie in der Phytotherapie – in der Homöopathie ist das eher die Ausnahme. Behandelt werden alle Arten von Knochenerkrankungen, Quetschungen, Verrenkungen, Verstauchungen, Frakturen, schlecht heilende Wunden und schmerzende Narben (Sollmann 2014, S. 197).

Genauso wird das Mittel eingesetzt zur Wundbehandlung nach einer Operation oder einer Zahnextraktion, denn es kann bei verzögerter Kallusbildung helfen. Oft wird es nach *Arnica* verordnet. Ein Leitsymptom für *Symphytum* ist ein stechender Schmerz an der verletzten Stelle. Auch bei Spannungskopfschmerzen, die vom Schulterbereich her ausstrahlen, hat es sich zusammen mit *Rhus toxicodendron* bewährt, außerdem bei stumpfen Verletzungen des Auges, etwa durch einen Schlag oder einen Ball. Verletzungen am Auge sollte man immer ärztlich abklären lassen und diese nicht selbst behandeln! Weitere Anwendungsbereiche sind Arthritis, Schleimbeutelentzündung, Fersensporn, Muskelkater, Hüftschmerzen und einige mehr.

Zur Anwendung von Homöopathika bei Tieren siehe das Kapitel »Beinwell für Tiere« (siehe S. 180 ff.).

Symphytum bei der Einnahme von Hochpotenzen

Eine Gruppe von Homöopathen hat sich damit beschäftigt, wie das Mittel bei einer Einnahme von Hochpotenzen (LM) wirkt. Edeltraud und Peter Friedrich beschreiben einen Versuch in ihrem Buch »Charaktere homöopathischer Arzneimittel« (1999) und kommen zu dem Schluss, dass mit *Symphytum* ein Arzneimittel vorliegt, »das nicht nur körperlich, sondern auch auf anderen Ebenen bildlich gesprochen bis auf die Knochen geht«.

Von den Teilnehmenden wurden als positive Erfahrungen genannt: Vertrauen auf sich selbst und die eigenen Überzeugungen sowie einen festen Standpunkt entwickeln, beharrlich sein und Farbe bekennen. »Es war wohl teilweise noch Vorsicht, aber keine falsche Rücksicht und Angst mehr spürbar, sich aus festgefahrenen Strukturen zu lösen und mit der Vergangenheit zu brechen. Das falsche Sicherheits- und Anlehnungsbedürfnis wurde zugunsten von mehr Selbstständigkeit, Selbstbehauptung und einer neuen Sichtweise zurückgelassen« (Friedrich und Friedrich 1999, S. 386 f.). Die Erfahrungen auf dieser Ebene können nach Aussage einiger Gruppenmitglieder mit körperlichen Verletzungen, Brüchen etc. einhergehen, dies muss jedoch nicht sein.

Diese selbstgeschaffene Struktur habe Festigkeit und Klarheit geschaffen, heißt es weiter, sie »verlieh ihnen das kämpferische Gefühl, es mit jedem aufnehmen zu können. Das ist der Auftakt und der Aufbruch zu einem Lebensabschnitt, in dem einem ungeahnte Möglichkeiten offenstehen [...]. Damit jedoch für den *Symphytum*-Patienten eine derartige Heilung geschehen kann, muss tatsächlich eine Neuformierung aus dem innersten Mark heraus stattfinden« (ebd., S. 387).

Das erinnert an eine Grenzüberwindung, wie sie für den Saturn (und den Beinwell als Saturnpflanze) charakteristisch ist (siehe S. 73 f.). Saturn setzt Grenzen und hält uns im Irdischen, bis wir unsere Lektionen gelernt haben, im Erdhaften zu Hause sind und uns fest verankert haben. Erst von dieser Position aus ist es möglich, alte Muster hinter sich zu lassen und vertrauensvoll den nächsten Schritt zu wagen – auch wenn er ins Unbekannte führt.

In diesem Sinne könnte *Symphytum* dabei helfen, auf den Trümmern des Alten etwas Neues aufzubauen, indem er auf der seelischen Ebene eine Art Gerüst schafft, wie er es auch in der Knochenheilung tut. Unsere Aufgabe ist es dann, diese neue Struktur mit Inhalt und Leben zu füllen.

Praktische Anwendung in Heilkunde, Kosmetik, Küche und Garten

Beinwell sammeln und verarbeiten

Wurzelernte: Vom richtigen Zeitpunkt

Eine Bekannte rief mich an, es war Sommer. Sie habe gerade ein Beet neu bepflanzt und dabei mehrere Beinwellpflanzen ausgegraben. Ich könne die Wurzeln doch bestimmt gut gebrauchen. Ich schluckte ... Sommer – die völlig falsche Jahreszeit zum Graben. Doch sie war wild entschlossen, mir die Wurzeln zu bringen, einen großen Eimer voll. Ich nahm den größten Teil mit zur nächsten Wildkräuterführung und verteilte ihn mit dem Rat, nicht enttäuscht zu sein, wenn der Beinwell nicht ganz so gut wirken würde wie sonst.

Abends rief mich eine Frau an und fragte, ob ich noch Wurzeln übrig habe, sie habe schlimme Gelenkprobleme. Sie schickte ihren Mann, der fast eine Stunde mit dem Auto zu mir unterwegs war. Ich gab ihm den Rest der Wurzeln und hatte ein schlechtes Gewissen. Einige Tage später kam ein Brief von ihr. Sie hatte die frischen Wurzeln geraspelt, mit etwas Wasser angerührt und als Umschlag über Nacht aufgelegt. »Zum ersten Mal seit einem Jahr habe ich ohne Schmerzen geschlafen«, schrieb sie.

Offenbar ist der Beinwell immer wieder für eine Überraschung gut. Steht doch in jedem Kräuterbuch geschrieben, dass man Wurzeln im Frühjahr oder Herbst graben soll. Im Frühjahr, wenn sich die ersten Blätter zeigen, im Herbst, wenn das Laub zu welken beginnt. Denn dann konzentriert sich die Kraft der Pflanze in der Wurzel. Das ist auch richtig so, und ich versuche, mich daran zu halten. Aber ganz offensichtlich geht es auch anders. »Wenn ihr eine Pflanze dringend braucht, dann könnt ihr sie zu jedem Zeitpunkt ernten«, sagte schon meine erste Pflanzenlehrerin Doris Grappendorf mit einem tiefen Vertrauen in die Kraft der Wildkräuter. Und sie hatte recht, wie der Beinwell zeigt.

Ich will damit nicht sagen, dass es egal ist, wie und wann wir eine Pflanze ernten, ganz und gar nicht. Doch ich habe immer wieder erfahren, dass die Pflan-

Das Wurzelgraben mit Horn erfordert Zeit und Achtsamkeit.

zen in dem Moment, in dem wir sie wirklich nötig haben, für uns da sind – auch wenn der Sammelkalender etwas anderes sagt. Trotzdem ist es gut, ein paar Regeln zu kennen, und über die für den Beinwell möchte ich jetzt etwas erzählen.

Das Ausgraben der Wurzel wird der Beinwell fast immer überleben, denn wie beim Löwenzahn ist es fast unmöglich, bei einer älteren Pflanze die ganze Wurzel zu erwischen. Dennoch sollten wir achtsam mit ihm umgehen. So ist es ein schöner Brauch, nach dem Graben ein Stückchen Wurzel in die Erde zurückzulegen. Meist gebe ich noch ein Geschenk mit hinein. Das kann ein kleiner, besonderer Stein sein, ein Schluck Wasser oder Wein, ein paar Körner oder ein Haar. Haare sind mineralstoffreich, ein guter Dünger für die Pflanzen und man hat sie immer dabei. Es ist ein Dankeschön an die Erde und an die Pflanze, die wir genommen haben.

Doch wie finde ich die richtige Pflanze? Diejenige, die »mit will«, die ich nehmen darf und die zu meinem Vorhaben passt? Wenn die Entscheidung schwerfällt, ist es am besten, alle Gedanken beiseite zu lassen, die Pflanzen einfach nur zu betrachten, zu bestaunen und auf einen Impuls zu warten. Fast so, als ob man vor einem Obstkorb steht und sich einen Apfel aussucht. Wenn wir ganz bei der Sache sind, entscheidet nicht der Verstand, sondern wir greifen intuitiv zu einer ganz bestimmten Frucht. Genauso können wir uns auch von der Intuition zu »unserer« Pflanze leiten lassen.

Bei größeren Pflanzen nutze ich eine Grabegabel, um die Erde vorsichtig zu lockern. Das lässt den Regenwürmern noch eine Chance, zu entkommen. Für die kleineren Pflanzen nutze ich gern ein kleines Geweih, entsprechend der alten Tra-

Ein kleines Geweih ist praktisch bei jungen Beinwellpflanzen.

dition, nicht mit Metall, sondern mit Horn zu graben. Damit dauert das Ganze zwar etwas länger, gibt mir aber die Zeit, mich intensiv auf die Pflanze einlassen.

Wie schon gesagt: Wurzeln gräbt man im Frühjahr oder Herbst, am besten bei abnehmendem Mond. Das ist seit Jahrhunderten Tradition, an die sich Generationen von Kräuterfrauen und -männern gehalten haben und immer noch halten.[20]

Und doch gibt es einen Unterschied zwischen Frühjahr und Herbst und dementsprechend auch zwischen einer Frühjahrs- und einer Herbstwurzel. Richtig klar geworden ist mir das erst, als ich mich intensiver mit der Elementenlehre befasst habe.[21]

Nach dieser jahrtausendealten Lehre bedeutet der Frühling Aufbruch und Wachstum, erwachendes Leben, das kraftvoll nach oben strebt. Die grünen Triebspitzen, die gerade aus dem Boden kommen, sind pure Lebenskraft oder »Viriditas«, wie Hildegard von Bingen es nannte. Im Frühjahr sind wir im Element Luft.

Im Spätherbst dagegen hat die Pflanze ihren Jahreszyklus beendet. Sie ist bereit, sich für den Winter in den Boden zurückzuziehen, sie regeneriert, während das oberirdische Leben pausiert. Alles ist auf Ruhe und Rückzug eingestellt. Nun sind wir im Element Erde.

Genau diese Qualitäten finden wir in der Frühjahrs- und in der Herbstwurzel wieder. Das ist der Grund, warum ich – wenn immer möglich – die Frühjahrswurzeln des Beinwells nutze.

In einem alten Kräuterbuch habe ich einen Hinweis gefunden, dass die Frühjahrs- und die Herbstpflanze tatsächlich mitunter auch unterschiedlich genutzt

Ernte einer Frühjahrswurzel: Auch der Austrieb kann mitverwendet werden.

wurden: »Im Herbste hat die Pflanze mehr zusammenziehende Kräfte als zu jeder anderen Jahreszeit, was beim Sammeln zu berücksichtigen ist, und kann man sie dann auch zum Gerben benützen«, schreibt Ferdinand Müller in »Das große illustrierte Kräuterbuch« (1937, S. 106).

Doch sonst ist nicht allzu viel zu diesem Thema in der Literatur zu entdecken.

In solchen Fällen hilft nur eins: ausprobieren und wieder zur Forscherin, zum Entdecker zu werden, die unterschiedlichen Qualitäten der Frühjahrs- und der Herbstwurzel selbst zu erfahren – die Unterschiede in Bezug auf die Festigkeit, den Wassergehalt, die Verarbeitung und die Wirkung. Dabei ist hilfreich, ein kleines Tagebuch zu führen und Datum, Mondstand, Wetter etc. einzutragen. Und keine Angst, wenn mal etwas nicht ganz stimmig zu sein scheint – der Beinwell weiß trotzdem, was zu tun ist.

Wenn unser Denken zur Ruhe kommt,
dann wird das Murmeln der Pflanzen hörbar,
und man versteht ihren Wunsch,
wie sie geerntet werden möchten.

JUDITH BERGER

Achtsam graben

Heute möchte ich eine Beinwellwurzel ausgraben, in einem Tal ganz in der Nähe. Dort gehe ich häufig spazieren und kenne die Pflanzen gut. Schon zu Hause denke ich an den Beinwell und an das Heilmittel, das aus der Wurzel entstehen soll. Dann packe ich meine Sachen. Der Weg ist Teil des Rituals und eine Möglichkeit, mich auf mein Vorhaben zu fokussieren. In der Wiese schaue ich mich um. Welche der vielen Beinwellpflanzen ist es?

Langsam streife ich an den Pflanzen vorbei, nehme Kontakt auf, immer mit dem Gedanken an das Mittel, das ich herstellen möchte. Doch irgendwann tritt auch das in den Hintergrund. Ich genieße die Morgenstimmung, beobachte die Insekten, die Tautropfen auf den Blättern. Jetzt bin ich ganz angekommen, ganz beim Beinwell.

Ich lasse den Blick schweifen und warte auf den Impuls, der mir sagt, dass ich mich einer Pflanze nähern darf. Es ist ein wunderbares Gefühl zu spüren, wie direkt die Antworten bei mir ankommen. Nein, dieser Beinwell möchte gerade gar nichts mit mir zu tun haben. Ein anderer leuchtet geradezu auf, wenn ich ihn betrachte.

Meist gibt es eine Pflanze, die besonders groß und kräftig aussieht. Diesen Beinwell werde ich bestimmt nicht ernten. »Ihr schaut nach der schönsten und stärksten Pflanze. Und diese Pflanze lasst ihr stehen«, hat uns die Kräuterkundige und Räucherexpertin Marlis Bader vor vielen Jahren eingeschärft. »Das ist der Häuptling. Diese Pflanze könnt ihr fragen, ob ihr von den anderen etwas nehmen dürft.« Für mich ist das bis heute ein Leitsatz geblieben, eine uralte und wunderbare Weisheit, um einer Pflanze und ihrem Lebensraum Respekt zu erweisen.

Ich setze mich zu der Pflanze, die ich mir ausgesucht habe. Oder war es umgekehrt? Das ist einer der schönsten Momente, für den man sich Zeit lassen sollte. Einfach sitzen, die Pflanze anschauen, staunen. Nichts mehr denken, nur noch wahrnehmen. Wie lange? So lange es dauert.

Wieder heißt es warten, bis der Impuls zum Graben kommt. Vorsichtig lockere ich die Erde rundherum. Am besten ist es, mit den Fingern ein Stück des Wurzelhalses freizulegen und die Wuchsrichtung zu erkunden. Dann kann man mit dem Grabewerkzeug nachhelfen und vorsichtig weitergraben, ohne die Wurzel zu beschädigen. Es sollte leicht gehen. Eine Pflanze, die sich zu diesem Zeitpunkt gar nicht vom Boden lösen will, lasse ich stehen und suche nach einer anderen.

Wenn der Beinwell ausgegraben ist, schaue ich ihn mir genau an, bewundere ihn und bedanke mich für das Geschenk. Eine kleine Gabe kommt

Mit offenem Herzen bei der Sache sein – dann kann nichts schiefgehen.

in die Erde, dann wird das Grabloch wieder gut verschlossen. Im Gehen drehe ich mich meistens noch einmal um, werfe einen Blick zurück auf die Wiese und ihre Pflanzen, nehme das Bild und die Stimmung tief in mich auf. Meist ist dies ein Moment, in dem ich einfach nur Glück und Dankbarkeit verspüre.

Meine erste Beinwellwurzel habe ich in diesem Tal gegraben. Noch als blutige Anfängerin und völlig verunsichert. Ich habe versucht, alle Regeln, die ich gelernt hatte, genau zu befolgen, um nur nichts falsch zu machen. Lange Zeit habe ich gewartet, bis ich das Gefühl hatte: »Jetzt darfst du graben.« Doch am Ende war da wieder diese Unsicherheit: War alles richtig? Vorsichtig habe ich das Blatt eines Beinwells zwischen die Finger genommen, mich dazugesetzt und die Augen geschlossen.

Die Dämmerung war gerade hereingebrochen, es war ganz still. Plötzlich war das Tal erfüllt von einem unbeschreiblichen Lachen. Ich weiß nicht, wo es herkam, wer oder was da gelacht hat, doch es hat alles durchdrungen. Vor lauter Schreck habe ich die Augen aufgerissen und den Zauber gebrochen. Aber das Lachen hatte ich gehört, und es hat meine Befürchtungen wieder ein bisschen zurechtgerückt. Seitdem weiß ich, dass ich nichts »falsch« machen kann, wenn ich mit offenem Herzen bei der Sache bin.

Blatternte: Nur die schönsten Blätter pflücken

Beinwellblätter lassen sich ganz ähnlich verwenden wie die Wurzel, zum Beispiel für Ölauszüge, Salben, Cremes und Hydrolate. Aus ihren Blättern lässt sich ein guter Erste-Hilfe-Umschlag bei einem verstauchten Knöchel herstellen, sie werden zu Gartendünger verarbeitet und kommen in der Küche zum Einsatz.

Die Blätter lassen sich vom Frühjahr bis zum Herbst ernten. Sie entwickeln im Laufe des Frühjahrs und Sommers Inhaltsstoffe, die der Wurzel zu diesem Zeitpunkt fehlen, unter anderem das Allantoin. Sie werden je nach Verwendung ausgewählt und gepflückt: So braucht man für einen Umschlag recht große Blätter, für die Gartenjauche schneidet man sie, bevor die Samenbildung eingesetzt hat. Ich suche mir generell nur Blätter aus, die gesund aussehen und ohne Fraßschäden sind. Man sieht einer Pflanze an, ob es ihr gut geht oder ob sie an ihrem Standort leidet und Stress hat. Blätter von solchen Pflanzen sollten nicht geerntet werden, genauso wenig wie Blätter, die von Mehltau oder anderen Krankheiten befallen sind. Als Erntezeitpunkt ist der frühe Vormittag ideal, bevor die Sonne zu stark wird. Für einen Kaltauszug in Öl müssen die Blätter trocken sein, es darf an diesem und dem Tag zuvor nicht geregnet haben. Beim Heißauszug schadet die Feuchtigkeit nicht, da sie durch die Wärme ohnehin verdampfen wird.

Am liebsten verwende ich Blätter, die in mittlerer Höhe der Pflanze wachsen und nicht mehr ganz so jung sind.

Die Blätter können allein oder zusammen mit der Wurzel zu Heilmitteln weiterverarbeitet werden.

Wurzeln und Blätter trocknen und aufbewahren

Die frisch gegrabenen Wurzeln nehme ich in einem feuchten Tuch mit nach Hause, um sie möglichst schnell weiterzuverarbeiten. Eine Gemüsebürste hilft, die Erdreste zu entfernen. Manchmal reicht das schon aus. Wenn nicht, werden sie gut gewaschen. Die braunschwarze Wurzelhaut bleibt an der Wurzel, auch sie enthält wichtige Inhaltsstoffe. Frische Wurzeln lassen sich in einem nassen Tuch einige Tage im Kühlschrank aufbewahren. Sie lassen sich auch gut einfrieren, als Notfallmittel für den Winter.

Bei einem Sturz oder einer Verletzung gibt es für mich nichts Besseres als einen Umschlag mit frisch geriebener Beinwellwurzel. Dazu lässt sich auch die Wurzel aus dem Gefrierfach verwenden. Leicht angetaut, ist sie leicht zu reiben, vermischt mit etwas Wasser oder Öl lässt sich schnell eine kühlende Kompresse zur Ersten Hilfe oder zur weiteren Behandlung herstellen. Allerdings sollte man sie nicht ganz auftauen lassen, da sie sich dann nicht mehr reiben lässt!

Beinwell enthält viel Schleim und Feuchtigkeit, der ihn manchmal schimmeln lässt. Deshalb wird die Wurzel in etwa fünf Millimeter große Stücke geschnit-

Nach dem Ausgraben wird die Erde mit einer Wurzelbürste entfernt. Manchmal reicht das schon aus. Meist aber müssen die Wurzeln gut gewaschen und geschrubbt werden. Dann möglichst rasch mit dem Verarbeiten beginnen.

ten und in einem warmen Raum ausgelegt. Das ist die Methode, die ich am liebsten anwende. Wer sicher gehen will, trocknet sie im Backofen (bis maximal 70 °C) oder in der Sonne gut durch.

Die trockenen Stücke kann man anfangs in einer Papiertüte aufbewahren, damit eventuelle Restfeuchte entweichen kann, später in einem Glas. Nicht in Metallgefäßen lagern, Beinwell reagiert mit einigen Metallen!

Um Beinwellpulver herzustellen, wird die Wurzel in dünne Scheiben geschnitten oder auf der Küchenreibe geraspelt. Längs geteilte Wurzeln kann man auffädeln und zum Trocknen aufhängen, das sieht dazu noch dekorativ aus. Später lässt sich die Wurzel in einer elektrischen Kaffeemühle oder im Mörser zerkleinern. Zerkleinerungsversuche mit dickeren Stücken haben schon manche Mühle ruiniert, da die Wurzel steinhart wird. Danach wird das Pulver gesiebt und bis zum Gebrauch luftdicht und dunkel aufbewahrt. Für Kompressen, Wickel und Auflagen wird es mit Wasser, Honig oder Wein angerührt und heiß oder kalt aufgelegt.

← ← Geriebene Wurzeln lassen sich gut trocknen und später pulverisieren.
← Dünn gehobelte Scheiben trocknen ebenfalls gut durch.
↓ So geht es auch: Die Wurzel in Streifen geschnitten und zum Trocknen aufgefädelt.

SEITE 115
Beim Warmauszug auf dem Salbenstövchen hat die Wurzel viel Zeit, um ihre Wirkstoffe ans Öl abzugeben.

Die getrocknete Wurzel ist mindestens zwei Jahre, oft auch länger haltbar. Beinwellpulver ist auch, fein gemahlen, in Apotheken und manchen Kräuterläden erhältlich.

Deutlich leichter lassen sich die Blätter trocknen, doch auch hier darf sich kein Schimmel bilden. Deshalb werden nur saubere Blätter an trockenen Tagen geerntet und keinesfalls gewaschen. Sie können zusammengebunden und in kleinen Büscheln aufgehängt werden. Sicherer ist es, sie gleich zu zerkleinern und regelmäßig zu wenden. Wenn sie schwarz werden, heißt es: wegwerfen. Die rascheltrockenen Blätter werden in Papiertüten oder Glasgefäßen aufbewahrt oder im Mörser oder der elektrischen Kaffeemühle pulverisiert. Das Pulver wird noch einmal gesiebt, es sollte ganz fein sein. Blätter und Pulver sind etwa ein Jahr haltbar. Sie können für Umschläge und Auflagen, aber auch für Zahnputzpulver oder kosmetische Anwendungen verwendet werden.

Ölauszüge

Ölauszüge lassen sich aus frischen oder getrockneten Wurzeln sowie aus frischen Blättern herstellen. Als Grundlage dient Oliven- oder Sonnenblumenöl, für kosmetische Anwendungen darf es auch Mandel-, Sesam- oder Jojobaöl sein.

Ich ziehe Beinwellwurzeln am liebsten warm bis heiß aus, in einem feuerfesten Glas- oder Keramikgefäß auf der Herdplatte, im Wasserbad oder auf einem Salbenöfchen. Über die richtige Temperatur gibt es sehr unterschiedliche Ansichten. Nach der klassischen Methode sollen es nicht mehr als 60 °C, höchstens 70 °C sein, die Stückchen dürfen nicht frittieren. Es scheint jedoch so zu sein, dass die Beinwellwurzel deutlich mehr Hitze verträgt und möglicherweise sogar braucht. So gibt es Erfahrungsberichte, dass ein sehr heiß ausgezogenes Öl wirksamer ist als ein unter klassischen Bedingungen hergestelltes. Genauso gibt es jedoch auch begeisterte Rückmeldungen über Heilerfolge mit kalt ausgezogenen Wurzelölen. Für mich ist das ein Experimentierfeld, auf dem ich ständig dazulerne.

In jedem Fall aber braucht es Zeit, bis die Wirkstoffe ans Öl abgegeben werden. Während dieser Zeit dürfen wir fleißig rühren und zum Beispiel eine liegende Acht ins Öl hineinrühren und dabei ein Loblied auf den Beinwell singen. Viele alte Lieder gibt es, die früher beim Salbenrühren gesungen wurden. Sie gaben das Zeitmaß an: Zehn Mal das Beinwelllied gesungen – fertig ist der Auszug. Allerdings sollten es recht viele Strophen sein, denn Beinwell braucht mindestens eine Stunde auf der Wärmequelle.

Ich lasse ihn dann einen Tag im Öl ruhen und wiederhole das Ganze noch zweimal. Um zu erkennen, wann der Auszug fertig ist, muss er gut beobachtet werden. Er verändert seinen Geruch, wenn alle Inhaltsstoffe ans Öl abgegeben sind. Gut ausgezogenes, frisches Wurzelöl riecht manchmal ein klein wenig schokoladig.

Beim Warmauszug kann die Feuchtigkeit gut aus den Wurzeln und Blättern entweichen. Zudem verändern sich die Eigenschaften des Heilmittels. Zum ursprünglich feucht-kalten Beinwell kommt nun eine wärmende Qualität hinzu. Das kann durch die Auswahl des Öls noch unterstützt werden. So sind Oliven- und Sesamöl wärmende, Distel- und Kokosöl kühlende Öle.

Auf diese Weise lassen sich die Heilmittel an die jeweiligen Bedürfnisse anpassen und genau auf einen Menschen abstimmen. Bei zu viel Hitze im Körper tut eine kühlende Zubereitung gut, bei zu wenig Wärme kann es eine heiß ausgezogene Anwendung sein. Das hört sich zunächst einmal umständlich an. Und das ist es auch. Einfacher ist es natürlich, ein Öl oder eine Salbe für ein bestimmtes Beschwerdebild (so wie wir es meistens tun) und nicht für eine bestimmte Person herzustellen. Schaut man jedoch einmal nach, wie fein und ausgewogen manche traditionellen Rezepte zusammengestellt sind, wie viel Zeit und Energie in die Zubereitung gesteckt wurden, dann wird schnell klar, dass wir nur einen Bruchteil unserer Möglichkeiten ausschöpfen und vor allem auch den Bedürfnissen des Einzelnen damit nicht gerecht werden.

Die oberirdischen Teile des Beinwells ziehe ich gern nach einer Methode der amerikanischen Autorin und Kräuterkundigen Susun Weed aus.

Rezept: Stängelöl nach Susun Weed

Susun Weed erntet die Comfrey-Blütenstängel für die Herstellung des Öls mit Knospen, Blüten und Blättern an einem trockenen Tag kurz vor oder während der Blüte.[22] Besonders im Stängel enthält der Beinwell zu dieser Zeit viel des begehrten Allantoins, das hautheilend und -regenerierend wirkt. Mit dem klein geschnittenen Pflanzenmaterial wird ein Schraubglas bis oben gefüllt. Dabei sollte man nicht sparsam sein, das Öl wird besser und haltbarer, je mehr Pflanzenmaterial sich im Gefäß befindet. Das Pflanzenmaterial sollte allerdings auch nicht gequetscht, sondern nur leicht angedrückt werden – »als ob du ein Bett für eine Fee bereiten möchtest«, sagt Weed.

Nun alles mit gutem Olivenöl übergießen, das Glas verschließen und drei Wochen an einem warmen und hellen Platz ausziehen lassen. Zwischendurch immer wieder nachschauen und das Gefäß vorsichtig bewegen. Am Ende das Ganze abseihen, sanft ausdrücken und das Öl erneut mit frischem Pflanzenmaterial auffüllen. Es bleibt nun noch einmal drei Wochen in der Wärme stehen – also insgesamt sechs Wochen. Dann ein zweites Mal abseihen und gut abtropfen lassen, vorsichtig ausdrücken.

Ein Ölauszug nach Susun Weed ist nicht ganz einfach herzustellen, ergibt aber ein wunderbares Beinwellöl.

Ist das Öl gelungen, hat es eine grasgrüne Farbe und einen schweren, angenehmen Duft. Ich nutze es gern zum Einreiben – pur oder gemischt mit anderen Ölen – sowie als Grundlage für Salben und Cremes, die mit Beinwelltinktur angereichert werden.

Da die Stängel viel Feuchtigkeit und Schleime enthalten, kann es jedoch sein, dass das Öl kippt und zu gären beginnt. Das passiert besonders Anfängern, deshalb habe ich die Susun-Weed-Methode etwas verändert und empfehle in meinen Seminaren einen Warmauszug (siehe S. 129). Das schmälert die guten Eigenschaften des Beinwellöls nicht und verleiht ihm zudem eine wärmende Qualität. Noch einen Tipp: Es lohnt sich, die Pflanze nach den Aussaattagen von Maria Thun zu ernten. Für einen Ölauszug erntet man an Blüten- oder Fruchttagen – niemals an Blatttagen.[23]

Tinkturen

Für eine Tinktur brauchen wir frische oder getrocknete Pflanzenteile. Da Beinwell in der Hauptsache wasserlösliche Stoffe enthält, ist eine Tinktur oft wirkungsvoller als das Öl. Genau deshalb ist auch kein allzu hoher Alkoholgehalt nötig. Erfahrungsgemäß sind Korn, Weinbrand oder Grappa (zwischen 32 und 40 Prozent) völlig ausreichend, um eine gute Tinktur herzustellen, die alle benötigten Inhaltsstoffe in ausreichender Menge auszieht. Schleimstoffe lösen sich am besten bei 25 bis 40 Prozent, Flavonoide bei 40 bis 50 Prozent und Gerbstoffe bei 40 bis 60 Prozent.

Frisch angesetzt: Schon nach kurzer Zeit gehen die Wirkstoffe in den Alkohol über.

Eine Blättertinktur lässt sich ebenfalls mit einem einfachen Korn (32 Prozent) ansetzen.

Das Mischungsverhältnis von Pflanze zu Alkohol beträgt bei **Frischpflanzen** 1 : 2 bis 1 : 5, das heißt:

- Auf 1 (Volumen-)Teil Pflanze kommen 2 bis 5 Teile Alkohol.

Das Mischungsverhältnis bei **getrockneten Pflanzen** beträgt 1 : 5 bis 1 : 10, das heißt:

- Auf 1 (Volumen-)Teil Droge (Blätter und Wurzelstückchen) kommen 5 bis 10 Teile Alkohol.
- Auf 1 Teil Droge (Wurzelpulver) kommen 10 Teile Alkohol.

Die Tinktur sollte mindestens vier bis sechs Wochen ausziehen. Es schadet nicht, sie noch länger stehenzulassen. Oder, wie die Kräuterkundige Christine Pommerer mir einmal treffend sagte: »Eine Urtinktur geht nicht kaputt, wenn die Pflanzen drinbleiben, sie reift!« Wenn man vorher schon etwas davon braucht, kann man es mit einem sauberen Löffel aus dem Glas entnehmen. Wirksam ist sie schon nach wenigen Tagen.

Erfahrungsbericht: Tinkturen brauchen Sauerstoff

Eine Seminarteilnehmerin hatte im Herbst ein großes Glas Wurzeltinktur angesetzt, allerdings waren im Frühjahr immer noch keine Inhaltsstoffe in den Alkohol übergegangen. Die Flüssigkeit war klar und durchsichtig. Die Wurzelstücke waren zwar relativ groß, doch das sollte normalerweise kein Hindernis sein. Ich vermutete, dass zum Ausziehen nicht genügend Sauerstoff vorhanden war, denn das Gleiche war mir schon einmal mit einem Liköransatz aus grünen Walnüssen passiert. Ich verteilte Flüssigkeit und Wurzelstücke auf zwei große Gläser. Schon nach einem Tag wurde die Flüssigkeit trüb, wenige Tage später entfaltete sich der typische Beinwellgeruch und die schleimige Konsistenz der Tinktur. Seitdem achte ich darauf, bei größeren Mengen etwas Luft im Gefäß zu lassen.

Abkochungen/Tee

Früher war Beinwelltee sowohl aus Blättern als auch aus Wurzeln eine häufig genutzte Therapieform. Heute wird davon abgeraten, Beinwell innerlich anzuwenden. Wir können ihn jedoch äußerlich für Auflagen und Kompressen verwenden.

Allerdings gehen die Meinungen über den Beinwelltee auseinander. Hier folgt die Ansicht des amerikanischen Botanikers und Heilpflanzenexperten Dr. James A. Duke (1997, S. 65): »Offiziell müsste ich vor der Einnahme von Huflattich und Beinwell warnen. Privat muss ich zugeben, dass ich gelegentlich eine Tasse Huflattich- oder Beinwelltee trinke, genauso wie ich mir ab und zu ein Bierchen genehmige«, schreibt er. »Meine Meinung basiert auf Studien, die von dem Biochemiker Dr. Bruce Ames durchgeführt wurden [...]. Laut seinen Ergebnissen ist eine Tasse Beinwell weniger karzinogen als eine Dose Bier« (ebd., S. 505).

Duke arbeitete 30 Jahre für das Landwirtschaftsministerium der Vereinigten Staaten. Unter anderem war er Leiter des *Cancer Screening Program*.

Salben und Cremes

Beinwellsalben gehören wohl zu den am häufigsten gebrauchten Zubereitungen in der Kräuterheilkunde. Sie wirken nachhaltig und effektiv und sind einfach herzustellen. Man benötigt dazu einen Ölauszug, der in der Regel aus den Wurzeln hergestellt wird. Das Kraut lässt sich ebenfalls verwenden, hat dann aber, je nach Erntezeit, eine leicht abweichende Wirkung. Die zweite Zutat zur Salbe ist ein Konsistenzgeber, meist Bienenwachs (siehe S. 131). Die Salbe kann auch mit Ghee, Butterschmalz oder Tierfetten zubereitet werden, wie dies früher häufig der Fall war. Tierische Fette dringen tiefer und schneller in die Haut ein (Nadig 2018, S. 91).

In ländlichen Gebieten nimmt man auch heute noch gerne Schweineschmalz, unsere Vorfahren nahmen Dachsfett oder Hirschtalg, die alle noch einmal eine eigene Qualität in die Salbe einbringen.

Eine **Beinwellcreme** enthält neben der Fettphase (dem Öl) noch eine Wasserphase in Form von Tinktur oder Hydrolat. Ich verwende gerne eine Beinwelltinktur in Kombination mit einem Ölauszug der Blätter und Stängel (siehe S. 134). Die Herstellung ist etwas aufwendiger, lohnt sich aber. Durch die Wasserphase lässt sie sich angenehm auftragen und zieht schnell in die Haut ein. Die Cremes lassen sich ohne zusätzliche Emulgatoren herstellen. Eine Creme mit Tinktur hält mindestens neun Monate, meist länger. Wird statt der Tinktur ein Hydrolat verwendet, hält die Creme mindestens drei Monate, im Kühlschrank sechs Monate. Voraussetzung dafür ist, dass bei der Herstellung sehr sauber gearbeitet wird.

Bäder

Ein Vollbad mit Beinwell entspannt und lockert die Muskeln. Es ist eine Wohltat nach einem anstrengenden Tag, ob im Büro oder nach körperlicher Anstrengung. Ein Nebeneffekt: Die Haut fühlt sich durch die pflegenden Stoffe weich und geschmeidig an.

Für ein Voll- oder Teilbad wird dem Badewasser Beinwellextrakt, am besten als starker Tee, zugegeben. Dazu können frische oder getrocknete Blätter und Wurzeln verwendet werden, aber auch das Wurzelpulver. Manchmal rühre ich einfach ein wenig Pulver mit heißem Wasser und etwas Honig an und gebe es ins Badewasser. Es klumpt ein wenig, entfaltet aber dennoch seine Wirkung.

Auflagen, Kompressen und Wickel

Bei allen Beschwerden des Bewegungsapparats sind Wickel, Auflagen und Kompressen mit der frisch geriebenen Beinwellwurzel eine sehr effektive Anwendung – unabhängig davon, ob es sich um Gelenk- oder um Muskelschmerzen handelt. Dazu wird die Wurzel mit etwas Wasser oder Öl verrührt, auf eine Mullkompresse oder ein Stofftuch gegeben und aufgelegt. Durch die Stoffschicht zwischen Haut und Beinwellpaste lässt sie sich wieder besser abnehmen. Das Ganze wird mit einer elastischen Binde oder einem großen Tuch bedeckt und fixiert. Die Auflage bleibt so lange angelegt, wie sie als angenehm empfunden wird. Eine halbe bis eine Stunde reicht manchmal schon aus, ich lasse sie, wenn nötig, aber auch über Nacht wirken. Wickel, Kompressen und Auflagen können mehrmals täglich angewendet werden. Heiße Umschläge sollten allerdings nach einer halben Stunde abgenommen werden.

Auch Auflagen mit Blättern sind möglich. Dazu werden sie kurz überbrüht oder mit dem Nudelholz weich gerollt. Dann entfernt man die dicke Mittelrippe, legt das Blatt auf, und bedeckt und fixiert die Auflage mit einem Tuch. Anwendbar sind die Blätterauflagen ebenfalls bei Gelenk- und Muskelbeschwerden, Prellungen, Schwellungen, leichten Verbrennungen, aber auch zur Stärkung der Lunge oder bei Bronchitis. Sie sind eine gute Erste Hilfe bei einer Verstauchung oder einem Bruch, da sie das Anschwellen verhindern. Früher haben sie schon so manches offene Bein geheilt, das haben mir ältere Teilnehmerinnen bei Kräuterseminaren mehrfach berichtet. Heute gibt man den Beinwell nicht mehr auf offene Wunden, nur noch auf intakte Haut. Aber die Wundränder können damit behandelt werden, auch in Kombination mit einem Johanniskrautöl.

Ist kein frischer Beinwell vorhanden, tut das Wurzelpulver gute Dienste. Es gibt zahllose Varianten, wie es angerührt und aufgetragen wird – mit Öl, Wasser oder Rotwein, heiß oder kalt. Ursel Bühring hat beste Erfahrungen damit gemacht, das Pulver mit einem Beinwellblättertee zur Paste anzurühren (Bühring 2014, S. 450).

Da das Pulver leicht verklumpt, muss man kräftig rühren, damit eine homogene Masse entsteht. Kleine Klümpchen schaden jedoch nichts. Ein bisschen unangenehm kann es werden, wenn die angerührte Paste beim Trocknen hart und bröckelig wird und die Reste auf der bloßen Haut kleben bleiben. Sie lassen sich aber leicht abwaschen.

Nach einigen Versuchen bin ich auf eine Methode gestoßen, wie eine Auflage aus Beinwellpulver weich und geschmeidig bleibt und sich auch nach längerer Zeit ganz einfach von der Haut abziehen lässt: Dazu wird das Pulver zusammen mit etwas Flüssigkeit und einem Löffel Honig aufgekocht (siehe S. 140 f.).

Beinwellgips

Der Beinwell ist ein Spezialist für Knochenbrüche. Mit der geriebenen Wurzel hat man früher Auflagen hergestellt, die hart wie Gips wurden. Zuerst drangen die Wirkstoffe des Beinwells in die Haut ein, später waren die Auflagen ein Schutz der verletzten Körperteile. Das beste mir bekannte Rezept für einen Beinwellgips stammt von Lawrence D. Hills aus seinem Buch »Comfrey« (1976/2008, S. 179). Nach diesem Rezept (siehe S. 142) lässt sich eine weiche Paste herstellen, die sich genau an die Körperform anpasst und nach einigen Stunden tatsächlich hart wie Gips wird. Sie kann ohne Zwischenlage direkt auf die intakte Haut gelegt werden. Eine gut gemachte Paste ist in der Lage, die Wärme über viele Stunden zu halten, und lässt sich problemlos wieder abnehmen. Man kann daraus eine Art Schale anfertigen, die man abnehmen und passgenau wieder anlegen kann. Der Gips wird dann vor dem Auflegen mit etwas Tinktur oder Beinwelltee getränkt.

Schüttelemulsion

Eine Schüttelemulsion besteht aus einem wässrigen und einem Ölanteil. Das Verhältnis von Wasser und Öl kann nach Wunsch variiert werden. Die beiden Teile werden in ein Fläschchen gefüllt und vor dem Auftragen durch Schütteln miteinander verbunden. Danach trennen sie sich wieder. Durch das Wasser zieht das Öl schneller ein, es bleibt ein angenehm frisches Gefühl auf der Haut zurück.

Diese Zubereitung eignet sich besonders für kosmetische Anwendungen. Zur Hautpflege mische ich gern ein Beinwellblätteröl mit einem Hydrolat aus Fenchelsamen oder den Blättern der Rosengeranie (siehe S. 147f.). Beides wirkt hautregenerierend. Die Rosengeranie ist zudem feuchtigkeitsspendend, der Fenchelsamen straffend und entspannend bei müder Haut. Ist kein Hydrolat vorhanden, kann man auch abgekochtes Wasser oder einen Tee verwenden, was die Haltbarkeit jedoch etwas mindert.

Genauso lässt sich eine Emulsion für kleinere Verletzungen oder Entzündungen herstellen, etwa aus Beinwellblätteröl gemischt mit einem Rosenhydrolat (siehe S. 143). Man kann die Komponenten auch vertauschen und ein wundheilendes Öl wie Johanniskrautöl mit einem Beinwellhydrolat (siehe Wallwurzwasser) mischen (siehe S. 143). Beides ist als Hautkur beziehungsweise für kurzfristige Anwendung auf kleinen Stellen oder am Wundrand gedacht.

Hydrolat

Eine alte Kunst – neu entdeckt

Die Destillation ist eine uralte Kunst, deren Ursprünge wahrscheinlich in den Hochkulturen Mesopotamiens, Ägyptens, Indiens und Chinas liegen. Die älteste Destille, die gefunden wurde, stammt aus Pakistan. Sie ist aus Ton und etwa 4400 Jahre alt.

Dabei versucht der Mensch, einen Vorgang der Natur im Kleinen nachzuahmen. »Wir folgen dabei dem fundamentalen, hermetischen Prinzip von der wechselseitigen Übereinstimmung zwischen Mensch und Natur, Mikrokosmos und Makrokosmos. Die Erde ›destilliert‹ fortwährend. Der Wasserkreislauf der Erde ist eine gigantische Destillation«, schreibt die Heilpflanzenkundige Susanne Fischer-Rizzi. Ihr kommt das Verdienst zu, diese alte Kunst wieder in den Fokus der Öffentlichkeit gerückt zu haben. »Beim Destillieren können wir also, wenn wir es wünschen, tiefe Einblicke in die Gesetze der Natur und, wenn wir dies auf uns beziehen, auch in unsere innere Natur erhalten« (Fischer-Rizzi 2020, S. 368). Es ist ein alchemistischer Vorgang, der in vielen alten Kräuterbüchern noch ausführlich beschrieben wird. Wir können davon ausgehen, dass zu Zeiten Paracelsus und Tabernaemontanus das Destillieren ein fester Bestandteil der Heilkunst war.

Was passiert beim Destillieren?

Die vorbereiteten Pflanzenteile werden mit Wasser in einen Kolben aus Glas, Kupfer oder Edelstahl gefüllt und erhitzt. Der heiße Dampf steigt auf, durchdringt die Pflanzen und nimmt auf seinem Weg die wasserdampflöslichen Stoffe aus der

Pflanze mit. Im nächsten Schritt wird der Wasserdampf mit all seinen Bestandteilen abgekühlt. Er kondensiert und tropft in ein Auffanggefäß – das Pflanzenwasser entsteht.

Es enthält die wasserdampfflüchtigen Bestandteile der Pflanze und einen kleinen Anteil an ätherischen Ölen. Außerdem entsteht etwas Neues, ein sogenanntes Artefakt. Dieser Stoff ist in der Ausgangspflanze nicht zu finden, er entsteht erst durch die Destillation und ist bei jeder Pflanze ein anderer.

Die Pflanzenwässer, die bei der Destillation entstehen, können – je nach Pflanze – innerlich und äußerlich verwendet werden. Es sind sanfte und gleichzeitig nachhaltige Heilmittel, die sowohl in der Medizin als auch in der Kosmetik, in der Küche, als Raum- oder Körperspray eingesetzt werden können.

Wallwurzwasser

In vielen alten Kräuterbüchern wird noch vom Wallwurzwasser berichtet. Damit ist das Hydrolat des Beinwells gemeint, das meist durch Wasserdampfdestillation der Wurzel gewonnen wurde. Indikationen umfassten hauptsächlich Lungenleiden, aber auch Wunden und Blutungen. Es wurde innerlich verordnet und äußerlich als Wickel oder Auflage verwendet.

Auch wenn Hydrolate inzwischen einen regelrechten Boom erleben, findet man Beinwellwasser relativ selten. Mag sein, dass dies an seinem erdigen, anfangs etwas muffigen Geruch liegt. Doch auch, wenn es nicht so betörend duftet wie ein Rosen- oder Orangenblütenwasser, so kann ein Beinwell-Hydrolat dennoch genauso

Der erste Tropfen aus der Glasdestille ist ein ganz besonderer Moment.

gute Dienste leisten wie früher: als heilende Kompresse bei Prellungen, Quetschungen und anderen Verletzungen, in der Hautkur bei empfindlicher, gestresster oder gereizter Haut.

Da die im Beinwell enthaltenen Alkaloide recht schwer sind, steigen sie nicht mit dem Wasserdampf auf und gelangen deshalb auch nicht ins Hydrolat. Wasserdampfflüchtige Stoffe haben eine Molekülmasse von maximal 250 g/mol. Die vorhandenen Pyrrolizidinalkaloide (PA) haben jedoch ein deutlich höheres Molekulargewicht, weshalb sich mit der Destillation ein PA-freies Heilmittel herstellen lässt.

Doch ist dies auch mit eigenen Mitteln möglich? Um das herauszufinden, habe ich ein mit einer Glasdestille selbst hergestelltes Hydrolat in einem anerkannten Labor untersuchen lassen. Es wurde auf 28 verschiedene PA bzw. deren N-Oxide getestet. Laut Prüfbericht konnten im Hydrolat keine PA nachgewiesen werden. Das Ergebnis zeigt, dass es ohne großen Aufwand möglich ist, ein PA-freies Heilmittel aus der Beinwellwurzel selbst herzustellen.

Beinwellwasser selbst herstellen

Um mit einer Destille gut arbeiten zu können, braucht es ein wenig Erfahrung und Anleitung. Sinnvoll ist es, dazu einen Kurs zu besuchen, ganz besonders, wenn es um eine Glasdestille geht.

Es gibt jedoch eine Möglichkeit, auch mit einfachen Küchengeräten zu destillieren. Ich habe diese Methode bei Susanne Fischer-Rizzi kennen- und schätzen gelernt. Mit der sogenannten Topfdestille[24] kann man sehr viele Pflanzen destillieren und ebenfalls ein gutes Ergebnis erzielen.

Beinwellhydrolat aus der Topfdestille

Wir brauchen einen großen Topf und eine Rührschüssel mit rundem Boden, die passgenau auf dem Topfrand aufliegt, außerdem einen Dämpfeinsatz (gibt es günstig im Handel) sowie ein Auffanggefäß.

Den Dämpfeinsatz in den Topf stellen und etwa einen dreiviertel Liter Brunnenwasser oder ein gutes, stilles Mineralwasser einfüllen. Das Auffanggefäß in die Mitte auf den Dämpfeinsatz stellen, die Pflanzen rundherum verteilen.

Nun die Schüssel auf den Topfrand setzen und mit kaltem Wasser und einigen Eiswürfeln füllen.

Den Herd einschalten und das Wasser langsam zum Kochen bringen. Dann auf mittlerer Temperatur halten, die Hitze muss je nach Pflanze angepasst werden.

Wie in einer »richtigen« Destille durchströmt der Wasserdampf die Pflanzen, steigt auf und kondensiert am kalten Schüsselboden. Von dort laufen die Tropfen am runden Schüsselboden zur Mitte und fallen ins Auffanggefäß. Wichtig ist, dass das Wasser in der Schüssel immer kalt ist, also rechtzeitig ausgetauscht wird. Eventuell muss auch etwas Wasser im Topf nachgefüllt werden, deshalb ab und zu vorsichtig nachschauen.

Einfach und effektiv: Der erhitzte Wasserdampf steigt auf, durchzieht die Pflanzen, kondensiert am kalten Schüsselboden und tropft dann in das Auffanggefäß.

Manche Pflanzen neigen dazu, schnell aufzuschäumen und nach oben zu steigen. Dann können sie im schlimmsten Fall ins Destillat laufen und es verunreinigen. Der Beinwell gehört dazu. Deshalb muss er mit viel Fingerspitzengefühl und bei nicht zu großer Hitze destilliert werden. Der Dämpfeinsatz ist in diesem Fall wichtig, um den Vorgang zu kontrollieren. Destilliert man die Wurzeln direkt aus dem Wasser heraus, ist die Gefahr des Aufschäumens deutlich größer.

Wenn sich der Geruch des Hydrolats verändert, kann dies ein Zeichen dafür sein, dass die Pflanze alle flüchtigen Stoffe abgegeben hat. Was nun kommt, kann das Ergebnis nur schlechter machen. Ein ungefährer Richtwert sind bei der oben angegebenen Wassermenge etwa 100 Milliliter. Danach ist es häufig Zeit, die Destillation zu beenden. Mit etwas Übung lässt sich die richtige Menge herausfinden.

Das fertige Wasser wird in eine Glasflasche gefüllt und nach dem Abkühlen im Kühlschrank aufbewahrt. Nach zwei Tagen werden die Schwebeteilchen mit einem Kaffeefilter herausgefiltert. Noch etwas nachreifen lassen, dann kann das Wallwurzwasser in eine Sprühflasche gefüllt und benutzt werden. Es hält bei guter Lagerung etwa ein Jahr, muss aber regelmäßig auf Schlieren und Veränderungen kontrolliert werden.

Erfahrungsgemäß verändern sich der Geruch und die Qualität nach einigen Wochen Reifezeit. Das Beinwellwasser aus der Wurzel behält seinen erdigen Geruch jedoch auch nach der Reifung. Auch Blätter und Blüten lassen sich destillieren, sie riechen etwas feiner, haben aber ebenfalls den typischen »Duft«.

Anwendung: Für Auflagen und Kompressen bei Prellungen, Quetschungen, Verletzungen; für kosmetische Zwecke bei gereizter Haut; für Schüttelemulsionen, als Bestandteil von Cremes und vieles mehr.

Beinwellrezepte für die Gesundheit

Ölauszüge

Ölauszug aus der Wurzel (Grundrezept)

ZUTATEN

frische Beinwellwurzel, Bio-Öl; alternativ: getrocknete Beinwellwurzel, Wurzelpulver

ZUBEREITUNG

- Frische Beinwellwurzel klein schneiden oder raspeln und mit gutem Bio-Öl übergießen, sodass die Wurzelstückchen gut bedeckt sind.
- Öl und Wurzeln in einem Salbenöfchen oder in einem Keramik- oder Glasgefäß im Wasserbad bis etwa 70 °C erwärmen und unter Rühren ausziehen. Dass die Stückchen zunächst aneinanderkleben, ist normal.
- Etwa eine Stunde ausziehen lassen, dabei immer wieder umrühren. Das Öl kann nun abgeseiht und sofort verwendet werden.
- Um den Auszug intensiver zu machen, den Ansatz mit Wurzeln über Nacht ruhen lassen und den Vorgang am nächsten und übernächsten Tag wiederholen.
- Danach abseihen und ablaufen lassen, aber nicht ausdrücken. Kühl und dunkel aufbewahrt, ist das Öl etwa ein Jahr haltbar.
- Die Wurzeln können außerdem über einem separaten Gefäß ausgedrückt werden. Dieses Öl muss rasch verbraucht werden. Durch die enthaltenen Pflanzenrückstände ist es nicht so lange haltbar.

Warme Ölauszüge können aus frischen oder getrockneten Wurzeln sowie aus Blättern hergestellt werden.

SEITE 129
→ Die blühenden Stängel enthalten besonders viel Allantoin.
→→ Das fertige Beinwellöl hat eine satte, dunkelgrüne Farbe.

ALTERNATIVEN

- Getrocknete Wurzelstücke können ebenfalls verwendet werden. Wie mit den frischen Wurzeln verfahren.
- Für einen Ölansatz mit Wurzelpulver nimmt man etwa zehn Prozent der verwendeten Ölmenge, also 10 g Pulver für 100 ml Öl.

ANWENDUNG

Zum Einreiben, zum Beispiel bei Muskelschmerzen (mehrmals täglich); zum Weiterverarbeiten für Salben, Cremes, Emulsionen etc.

Ölauszug aus frischen Blättern (Grundrezept)

ZUTATEN

frische Beinwellblätter, Bio-Öl

ZUBEREITUNG

- Gesunde Beinwellblätter, die nicht zu alt und nicht zu jung sind, vom mittleren Teil der Pflanze ernten, zerkleinern und mit gutem Bio-Öl nach Wahl bedecken.
- Unter stetigem Rühren auf dem Salbenöfchen oder im Wasserbad erwärmen, nicht kochen lassen. Die Blätter dabei gut beobachten und warten, bis sich die Struktur und der Geruch verändern. Das kann, je nach Temperatur, eine halbe Stunde oder auch länger dauern.
- Danach abseihen und abtropfen lassen. Kühl und dunkel aufbewahrt, ist das Öl etwa ein Jahr haltbar.
- Die Blätterrückstände über einem separaten Gefäß ausdrücken. Dieses Öl rasch verbrauchen, da es nicht so lange haltbar ist.

ANWENDUNG

Zum Einreiben, zum Beispiel bei Muskelschmerzen (ein- bis zweimal täglich); zum Weiterverarbeiten für Salben, Cremes, Emulsionen etc.

Blütenstängelöl (Warmauszug)

ZUTATEN

frischer Beinwellstängel, Bio-Öl

ZUBEREITUNG

- Einen Beinwellstängel kurz vor oder zu Beginn der Blüte ernten.
- Stängel, Blätter, Knospen und Blüten klein schneiden, in ein Keramik- oder Glasgefäß geben und mit gutem Bio-Öl nach Wahl aufgießen, so dass die Pflanzenteile gut bedeckt sind.
- Unter stetigem Rühren im Wasserbad erhitzen (bis etwa 60 °C). Die Blätter dabei gut beobachten und warten, bis sie sich merklich verändern. Das kann, je nach Temperatur, eine halbe Stunde oder auch länger dauern.
- Das abgeseihte Öl kann sofort verwendet werden.

ALTERNATIVE

- Alternativ kann man den Ölauszug etwa eine bis drei Wochen nachreifen lassen, dann erneut frisches Pflanzenmaterial zugeben und den Vorgang nochmals wiederholen.
- Danach abseihen und vorsichtig ausdrücken. Kühl und dunkel aufbewahrt, ist das Öl etwa ein Jahr haltbar.

ANWENDUNG

Zum Einreiben, zum Beispiel bei Muskelschmerzen (ein- bis zweimal täglich); zum Weiterverarbeiten für Salben, Cremes, Emulsionen etc.

Tinkturen

Tinktur aus der Wurzel (Grundrezept)

ZUTATEN

frische Beinwellwurzel, Alkohol (Korn, Grappa oder Weinbrand); alternativ: getrocknete Beinwellwurzeln

ZUBEREITUNG

- Für eine Wurzeltinktur werden die frischen Wurzeln klein geschnitten oder geraspelt.
- Ein Schraubgefäß zu einem guten Drittel damit füllen und mit einem guten Korn, Grappa oder Weinbrand übergießen. Die Flüssigkeit färbt sich schon nach kurzer Zeit dunkelbraun und wird leicht ölig.
- Die Tinktur bleibt für mindestens vier bis sechs Wochen an einem zimmerwarmen Ort stehen, jedoch nicht in der Sonne oder im hellen Licht, und wird immer wieder vorsichtig geschwenkt, damit sich die Auszugsstoffe gut verteilen.
- Danach abseihen und den Rückstand ausdrücken. Die Tinktur kühl und dunkel aufbewahren. Sie ist etwa fünf Jahre haltbar, meist auch länger.

ALTERNATIVE

- Getrocknete Wurzeln enthalten weniger Wasser, deshalb geben wir zu 1 (Volumen-)Teil der getrockneten Wurzel (Wurzelstücke oder Pulver) 5 bis 10 Teile Alkohol.
- Damit verfahren wie oben angegeben. Auch diese Tinktur ist mindestens fünf Jahre haltbar.

ANWENDUNG

Zum Einreiben bei Beschwerden von Gelenken, Bändern, Sehnen, Muskeln etc. (ein- bis zweimal täglich); für Auflagen und Kompressen; zum Weiterverarbeiten in Salben, Cremes oder Mundspülungen (siehe S. 154).

Variation: Dreierlei Gelenktinktur

Rezept: Heike Blanck

ZUTATEN

40 ml Beinwell-, 30 ml Johanniskraut- und 30 ml Weidenrindentinktur

ZUBEREITUNG

Beinwell-, Johanniskraut- und Weidenrindentinktur mischen.

ANWENDUNG

- Mehrmals täglich die betroffenen Stellen einreiben. Besser noch: eine Kompresse oder ein Tuch damit tränken und auflegen.
- Geeignet bei schmerzenden Gelenken, Arthritis und Arthrose.

Salben und Cremes

Beinwellsalbe (Grundrezept)

ZUTATEN

100 ml Beinwellölauszug, 10–15 g Bio-Bienenwachs

ZUBEREITUNG

- Beinwellöl aus Wurzel oder Blättern im Salbenöfchen oder im Wasserbad auf ungefähr 60 bis 65 °C erwärmen, das ist der Schmelzpunkt für Bienenwachs.
- Nach und nach das Bienenwachs einrühren und schmelzen lassen.
- Konsistenzprobe: Einen Tropfen der flüssigen Salbe auf eine Untertasse geben. Wird der Tropfen sofort fest, ist die Salbe abfüllbereit. Je nach Wunsch kann mehr Wachs für eine festere Salbe oder mehr Beinwellöl für eine weichere Salbe zugegeben werden.
- In Salbentiegel oder kleine Schraubgläschen abfüllen. Dunkel und kühl aufbewahrt, ist die Salbe etwa ein Jahr haltbar.

VARIATIONEN

Das Grundrezept kann – je nach Einsatzgebiet – mit einem halben Teelöffel Propolis, ätherischen Ölen oder etwas Tinktur (etwa 10 bis 15 Prozent der Ölmenge) angereichert werden.

ANWENDUNG

Zum Einreiben bei Beschwerden von Gelenken, Bändern, Sehnen, Muskeln etc. (im Akutfall mehrmals täglich); für Auflagen und Kompressen, auch bei älteren Verletzungen, zur Nachbehandlung von Brüchen, bei Dornwarzen.

Der fertige Ölauszug wird abgesiebt und mit dem Bienenwachs erneut erhitzt – fertig ist die Salbe.

Variation: Beinwellsalbe mit Arnika

ZUTATEN

100 ml Beinwellöl, 15 g Bio-Bienenwachs, 15 ml Arnikatinktur

ZUBEREITUNG

- Das Beinwellöl im Wasserbad auf ungefähr 60 bis 65 °C erwärmen.
- Das Bienenwachs einrühren und schmelzen lassen.
- Langsam die Arnikatinktur unter Rühren hineintropfen lassen.
- Konsistenzprobe: Einen Tropfen der flüssigen Salbe auf eine Untertasse geben. Wird der Tropfen sofort fest, ist die Salbe abfüllbereit. Je nach Wunsch kann mehr Wachs für eine festere Salbe oder mehr Beinwellöl für eine weichere Salbe zugegeben werden.
- In Salbentiegel oder kleine Schraubgläschen abfüllen. Die Salbe ist mindestens ein Jahr haltbar.

ANWENDUNG

Mehrmals täglich die betroffenen Stellen einreiben. Arnika ergänzt die Wirkung des Beinwells: Sie wirkt entzündungshemmend und schmerzstillend, wird bei Blutergüssen, Prellungen und Verstauchungen angewandt, auch bei Gelenks- und Schleimbeutelentzündungen sowie bei Lymphgefäßentzündungen.

Variation: Brustbalsam mit Lärchenharz

ZUTATEN

15 g Bio-Bienenwachs, 5 g Bio-Wollfett (Lanolin anhydrid), 10 g Lärchenharz (flüssig), 40 ml Beinwellwurzelöl, 35 ml Engelwurzöl, ätherische Öle (optional): 5 Tropfen Cajeput, 10 Tropfen Zirbelkiefer

ZUBEREITUNG

- Bienenwachs und Lanolin im Wasserbad schmelzen.
- Das Lärchenharz unter Rühren zugeben.
- Nun langsam und sorgfältig das Beinwellwurzel- und Engelwurzöl einrühren.
- Eine Weile unter ständigem Rühren durchziehen lassen.
- Von der Wärmequelle nehmen und kaltrühren. Kurz vor dem Festwerden die ätherischen Öle hineintropfen, falls gewünscht.
- Nochmals gut durchrühren und rasch in Tiegel abfüllen. Der Balsam wird jetzt schnell fest. Er ist mindestens ein Jahr haltbar.

Lärchenharz (auch Lärchenterpentin genannt) fördert bei Atemwegserkrankungen die Durchblutung und löst den Schleim und ist außerdem entzündungshemmend. Engelwurz gilt traditionell als »Brustwurz«, eine Pflanze also, die bei Beschwerden genau in diesem Bereich eingesetzt wird.

Das ätherische Öl der Zirbelkiefer wirkt ebenfalls schleimlösend, antibakteriell und durchblutungsfördernd. Cajeput wird häufig bei Infektionen der oberen Atemwege eingesetzt, es wirkt entzündungshemmend und antiviral und beruhigt die Bronchien.

VORSICHT
Nicht bei Säuglingen einsetzen, wenn ätherische Öle beigegeben werden.

Das Lärchenharz kann auch durch Fichten- oder Kiefernharz ersetzt werden. Während Lärchenharz kaum selbst gesammelt werden kann (beim Kauf auf eine nachhaltige Ernte achten), können wir Fichten- oder Kiefernharz beim Spaziergang aus dem Wald mitbringen. Beim Absammeln muss man darauf achten, den Baum nicht zu verletzen! Das Fichten- oder Kiefernharz im Mörser zerstoßen, ungefähr 20 g in 100 ml Öl im Wasserbad bis maximal 60 °C erhitzen und unter Rühren mindestens eine halbe, besser eine Stunde ausziehen. Die Reste, die sich nicht aufgelöst haben, abfiltern.

ANWENDUNG
Den Balsam bei einer Infektion der unteren Atemwege, Husten oder Bronchitis sparsam ein- bis zweimal täglich auf Brust und Rücken auftragen und sanft einreiben.

VARIANTE
Mit einer kleinen Änderung kann der Balsam auch bei rheumatischen Beschwerden und Nervenschmerzen eingesetzt werden. In diesem Fall wird das Engelwurz- durch Johanniskrautöl ersetzt. Als ätherisches Öl eignet sich bei dieser Indikation das stark schmerzstillende Wintergrünöl (*Gaultheria procumbens*).

Variation: Gelenksalbe mit Mohnblütenöl

Rezept: Heike Blanck

ZUTATEN
je 30 ml Beinwellwurzel-, Johanniskraut- und Mohnblütenblätteröl, 10 g Bio-Bienenwachs, 5 Tropfen Sanddornfruchtfleischöl, ätherisches Öl (optional): 5 Tropfen Cajeput

ZUBEREITUNG
- Die drei Öle in ein Keramik- oder Glasgefäß geben und im Wasserbad auf etwa 60 bis 65 °C erwärmen.
- Das Bienenwachs einrühren und schmelzen lassen.
- Von der Wärmequelle nehmen und unter Rühren etwas abkühlen lassen. Nun das Sanddornfruchtfleischöl und, wenn gewünscht, das ätherische Öl einrühren.

- Konsistenzprobe: Einen Tropfen auf eine Untertasse geben. Wird er sofort fest, ist die Salbe abfüllbereit. Je nach Wunsch kann mehr Wachs für eine festere Salbe oder mehr von der Ölmischung für eine weichere Salbe zugegeben werden.
- In Salbentiegel oder kleine Schraubgläschen abfüllen. Dunkel und kühl aufbewahrt, ist die Salbe etwa ein Jahr haltbar.

Das Mohnöl wird aus den Blütenblättern des Wilden Mohns/Klatschmohns (*Papaver rhoeas*) hergestellt. Sie werden mit Olivenöl bedeckt, das Glas lässt man etwa vier Wochen in der Sonne ausziehen, am besten tagsüber im Freien an einem sonnigen Platz.

ANWENDUNG

Die Salbe bei Rheuma, Gicht, Muskel- oder Gelenkschmerzen oder Sehnenscheidenentzündung mehrmals täglich auftragen und leicht einmassieren.

Beinwellcreme (Grundrezept)

ZUTATEN

10 g Bio-Bienenwachs, 20 g Bio-Wollfett (Lanolin anhydrid), 80 ml Beinwellöl, 10 g Sheabutter, 80 ml Beinwelltinktur

ZUBEREITUNG

- Bienenwachs und Wollfett in ein Keramik- oder Glasgefäß geben und im Wasserbad schmelzen.
- Beinwellöl zugeben, dann auch die Sheabutter, alles auf ungefähr 65 °C erwärmen.
- In einem separaten Töpfchen oder Becherglas die Tinktur im Wasserbad vorsichtig (mithilfe eines Teethermometers) auf die gleiche Temperatur bringen.
- Die Tinktur unter ständigem Rühren portionsweise in die Fett-Öl-Mischung geben und darauf achten, dass sie dabei nicht zu sehr abkühlt.
- Wenn alles eingerührt ist, aus dem Wasserbad nehmen, kräftig weiterrühren und dabei abkühlen lassen. Zum Rühren einen Schneebesen oder Milchaufschäumer (notfalls einen Handmixer) verwenden.
- In Cremetiegel füllen, die vorher mit Alkohol desinfiziert wurden. Tiegel verschließen, kühl und dunkel aufbewahren. Die Creme ist mindestens ein Dreivierteljahr haltbar.

ANWENDUNG

Wie die Beinwellsalbe (siehe oben), allerdings wirkt die Creme durch die Tinktur noch etwas stärker. Betroffene Stellen (Gelenke etc.) zwei- bis dreimal täglich dünn damit einreiben. Aufgrund des Wasseranteils zieht die Creme schneller ein als die Salbe.

Sie ist leichter als Salbe und zieht schneller ein: die Beinwellceme.

VARIATIONEN

Auch dieses Rezept kann, je nach Einsatzgebiet, variiert werden: mit einem Anteil Johanniskrautöl bei Nervenschmerzen, Muskelverhärtungen und zur Narbenbehandlung, mit Weidenrindentinktur bei entzündeten Gelenken sowie durch die Zugabe ätherischer Öle, je nach Beschwerdebild.

Variation: Beinwellcreme spezial bei Schmerzen und Entzündungen

ZUTATEN

5 g Bio-Bienenwachs, 10 g Bio-Wollfett (Lanolin anhydrid), 5 g Sheabutter, 20 ml Weihrauchöl, 20 ml Beinwellöl, 20 ml Beinwelltinktur, 20 ml Weidenrindentinktur, ätherische Öle: 10–20 Tropfen Wintergrün (bei Blutergüssen 10 Tropfen Wintergrün und 10 Tropfen Imortelle).

ZUBEREITUNG

- Bienenwachs und Wollfett in ein Keramik- oder Glasgefäß geben und im Wasserbad schmelzen.
- Beinwell- und Weihrauchöl zugeben, dann auch die Sheabutter, alles auf ungefähr 65 °C erwärmen.
- In einem separaten Töpfchen oder Becherglas die beiden Tinkturen im Wasserbad vorsichtig (mithilfe eines Teethermometers) auf die gleiche Temperatur bringen.
- Die Tinkturen unter ständigem Rühren portionsweise in die Fett-Öl-Mischung geben und darauf achten, dass sie dabei nicht zu sehr abkühlt.

- Wenn alles eingerührt ist, aus dem Wasserbad nehmen, kräftig weiterrühren und dabei abkühlen lassen. Zum Rühren einen Schneebesen oder Milchaufschäumer (notfalls einen Handmixer) verwenden.
- In Cremetiegel füllen, die vorher mit Alkohol desinfiziert wurden. Tiegel verschließen, kühl und dunkel aufbewahren. Die Creme ist mindestens neun Monate haltbar.

In dieser Creme wirkt der Beinwell im Verbund mit dem Weihrauch, der Weidenrinde und den ätherischen Ölen stark entzündungshemmend und schmerzstillend, fördert außerdem eine schnelle Heilung und Regeneration des Gewebes und der Muskeln.

Das Weihrauchöl wird hergestellt, indem man etwa 15 g Weihrauch mörsert und in 100 ml gutem Öl (Oliven-, Jojoba-, Sesamöl) im Wasserbad langsam erhitzt und eine halbe bis eine Stunde heiß auszieht und dann abfiltert.

ANWENDUNG

Bei Verletzungen mit einhergehender Entzündung der Gelenke, Knochenhaut oder des Gewebes, bei Prellungen mit Hämatomen ein- bis dreimal täglich dünn auftragen.

Beinwellabkochung aus Kraut und Wurzeln

ZUTATEN

Beinwellkraut oder -wurzeln, frisch oder getrocknet

ZUBEREITUNG

- **Kraut:** 2 TL (Teelöffel) frisches oder 1 TL getrocknetes Kraut mit einer Tasse heißem Wasser überbrühen und 5–10 Minuten ziehen lassen, danach abseihen.
- **Frische Wurzeln:** klein schneiden oder raspeln und wie das Kraut zubereiten.
- **Getrocknete Wurzeln:** 1 TL getrocknete Wurzeln mit einer Tasse Wasser kalt ansetzen und aufkochen. Etwa 5 Minuten kochen lassen, von der Hitzequelle nehmen und etwas ziehen lassen, danach abseihen.

ANWENDUNG

Für Kompressen, Auflagen oder zum Anrühren des Wurzelpulvers.

Muskelentspannendes Beinwellbad

ZUTATEN

Beinwellblätter oder -wurzeln, frisch oder getrocknet

ZUBEREITUNG

- **Mit Blättern:** Eine kleine Handvoll klein geschnittene Blätter mit einem Liter kochendem Wasser übergießen, 10 Minuten ziehen lassen, abseihen und dem Badewasser zugeben. Bei getrockneten Blättern die Hälfte der Menge verwenden.

- **Mit Wurzeln:** 2 EL (Esslöffel) frische oder 1 EL getrocknete Wurzeln in einem Liter Wasser aufkochen, einige Minuten köcheln lassen, abseihen und dem Badewasser zugeben.

Variation: Beinwellbad mit Lavendel und Rose

ZUTATEN

Beinwellblätter oder -wurzeln, frisch oder getrocknet, Lavendel- und/oder Rosenblüten

ZUBEREITUNG

- Einen Blättertee oder eine Wurzelabkochung zubereiten (siehe Beinwellbad), dem Beinwell noch 2–3 TL Lavendel- und/oder Rosenblüten hinzufügen und 5–10 Minuten abgedeckt ziehen lassen.
- Abseihen und die Flüssigkeit ins Badewasser geben.

ANWENDUNG

15–20 Minuten im Wasser bleiben, im Anschluss noch etwas nachruhen.

Beinwellblätterauflage

ZUTATEN

frische Beinwellblätter

ZUBEREITUNG

- Aus großen Blättern die dicke Mittelrippe entfernen.
- Die Beinwellblätter mit dem Nudelholz oder einer Flasche gut walken, sodass der Saft austritt.

ANWENDUNG

- Die Blätter dann direkt auf die betroffene Stelle auflegen oder das Gelenk oder die Körperstelle damit komplett umwickeln. Bei sehr empfindlicher Haut eine Mullkompresse oder ein feines Tuch dazwischenlegen.
- Mit einem Tuch fixieren.
- Die Auflage kann einige Stunden liegen bleiben, zumindest so lange, wie sie als angenehm empfunden wird.

Die Blätterauflage kühlt, nimmt den Schmerz und verhindert beziehungsweise mindert die Schwellung. Sie ist eine wirkungsvolle Erste Hilfe, wenn es unterwegs zu Verstauchungen, Prellungen oder einem Knochenbruch gekommen ist.

Auflagen, Kompressen und Wickel mit Beinwellwurzel

Wir können die Wurzelpaste für Auflagen, Kompressen und Wickel kalt oder warm zubereiten. Bei Entzündungen und rheumatischen Beschwerden empfehlen sich kalte Anwendungen, bei Verspannungen oder stumpfen Verletzungen, zum Beispiel mit Hämatomen, sind warme Anwendungen zumeist besser geeignet. Entscheidend ist, was die betroffene Person als angenehmer empfindet.

Für Auflagen, Kompressen und Wickel kann ebenfalls eine Beinwellsalbe oder eine verdünnte Beinwelltinktur (1 : 5 bis 1 : 10) verwendet werden.

Kalte Wurzelpaste (Grundrezept)

ZUTATEN

Frische Beinwellwurzeln oder Beinwellwurzelpulver, wahlweise Wasser, Beinwelltee oder (Johanniskraut-)Öl

ZUBEREITUNG

- 3 EL frisch geriebene Beinwellwurzel mit etwa 3 EL Flüssigkeit verrühren. Das kann kaltes oder warmes Wasser, Beinwelltee oder (Johanniskraut-)Öl sein. Die Beinwellwurzeln vor dem Auflegen gegebenenfalls etwas quellen lassen.

Die Wurzelpaste auf eine Kompresse oder ein Küchenkrepp auftragen.

- Auch eine Wurzel aus dem Gefrierfach kann dazu verwendet werden. Sie lässt sich in der Regel schon nach einigen Minuten bei Zimmertemperatur gut reiben.
- Das gleiche Rezept lässt sich mit dem Wurzelpulver zubereiten: 1 EL Pulver mit etwa 3 EL Flüssigkeit verrühren. Wenn es etwas klumpt, schadet das nicht. Wenn man die Flüssigkeit einige Stunden ausquellen lässt, löst sich das Pulver komplett auf.

ANWENDUNG

- Die Mischung auf eine Mullkompresse oder ein Tuch streichen und auf die betroffene Stelle auflegen.
- Mit einer Binde oder einem Tuch fixieren.
- So lange aufliegen lassen, wie es als angenehm empfunden wird (auch über Nacht möglich).
- Bei Schmerzen oder im Akutfall zwei- bis dreimal täglich anwenden.

Eingesetzt wird die Wurzelpaste bei schmerzenden Gelenken, Sehnen, Bändern, rheumatischen Beschwerden, besonders, wenn sie mit einer Entzündung einhergehen, bei Muskelschmerzen, stumpfen Verletzungen, Arthritis, aber auch bei Sonnenbrand, bei leichten Verbrennungen (nicht auf offene Haut oder Brandblasen) und zur Narbenpflege.

Warme Wurzelpaste (Grundrezept)

ZUTATEN

Frische Beinwellwurzeln oder Beinwellwurzelpulver, wahlweise Wasser, Beinwelltee oder Rotwein

ZUBEREITUNG

- 3 EL frisch geriebene Beinwellwurzel (oder 1 EL Wurzelpulver) mit mindestens 6 EL Flüssigkeit (Wasser, Beinwelltee oder Rotwein) mischen und erhitzen.
- Unter Rühren (Schneebesen) leicht köcheln lassen, bei Bedarf noch etwas Flüssigkeit zugeben, sodass am Ende eine klebrige Masse entsteht.

ANWENDUNG

- Die Masse so warm wie möglich auf eine Mullkompresse streichen und auflegen.
- Mit einer Binde oder einem Tuch fixieren.
- Nach dem Erkalten (oder wenn es als unangenehm empfunden wird) abnehmen und die Stelle noch etwas warmhalten.
- Warme Auflagen sollten maximal zwei Stunden auf der Haut bleiben, die nächste Anwendung sollte frühestens nach zwei bis vier Stunden erfolgen.

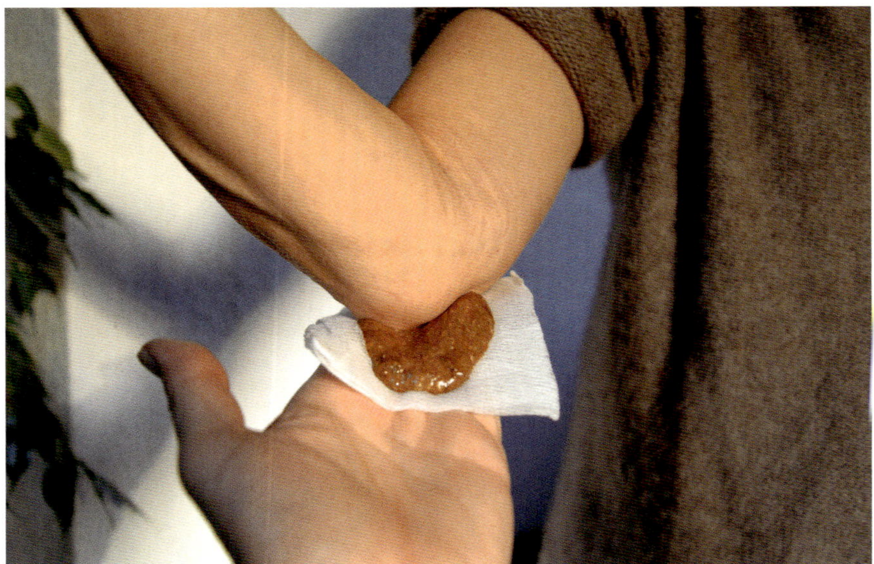

Wenn keine frischen Wurzeln vorhanden sind, tut es auch das Wurzelpulver.

Warme Wurzelpaste eignet sich bei Gelenkproblemen, Beschwerden mit Bändern und Sehnen, Muskelverspannungen, Arthrose (nur, wenn es als angenehm empfunden wird, sonst kalte Auflage) sowie als Brustauflage bei Beschwerden der unteren Atemwege.

Variation: Beinwellauflage mit Honig

ZUTATEN

frische Beinwellwurzeln oder Beinwellwurzelpulver, Wasser oder Beinwelltee, Honig

ZUBEREITUNG

- 3 EL frisch geriebene Beinwellwurzel (oder 1 EL Wurzelpulver) mit mindestens 6 EL Flüssigkeit (Wasser oder Beinwelltee) mischen und erhitzen.
- 1 guten TL Honig zugeben.
- Alles zusammen aufkochen und etwas köcheln lassen.
- Bei Bedarf noch etwas Flüssigkeit zugeben, am Ende sollte eine homogene Masse entstehen.
- Heiß oder abgekühlt auf ein Mulltuch auftragen und auflegen.

Das Besondere an dieser Auflage ist, dass der Beinwell beim Trocknen nicht bröckelt oder an der Haut anhaftet. Die Masse bleibt weich und lässt sich als Ganzes wieder abziehen.

ANWENDUNG
Diese Auflage hat sich gut bewährt bei Muskelverspannungen, Rückenschmerzen und Lymphknotenschwellungen.
WEITERE VARIATIONEN
Zubereitung mit zimmerwarmem Quark (sehr stark kühlend) oder geschrotetem Leinsamen (verstärkt die Schleimstoffwirkung: u. a. entgiftend, schmerzlindernd, entzündungshemmend).

Auflage bei Stirn- oder Kieferhöhlenentzündung

ZUTATEN
frische Beinwellwurzeln oder Beinwellblätter, Wasser oder Beinwelltee, optional Leinsamen
ZUBEREITUNG
- Etwas Beinwellwurzel oder klein geschnittene Blätter wie oben beschrieben warm zubereiten.
- Auf zwei Kompressen oder in zwei Teefiltertüten aus Papier geben und das Ende umschlagen.
- Der Beinwell kann auch mit etwas Leinsamen gemischt werden.

ANWENDUNG
- Auf Stirn- oder Kiefernhöhlen auflegen und mit einem Tuch warmhalten.
- So lange liegen lassen, wie es als angenehm empfunden wird (meist bis zum Abkühlen nach etwa 10–15 Minuten).

Beinwellwickel

Das Vorgehen bei einem Wickel ist ganz ähnlich wie bei Auflagen und Kompressen. Der Unterschied besteht darin, dass die betroffene Körperstelle komplett mit dem Heilmittel und einem Tuch umwickelt wird.
ZUTATEN
frische Beinwellwurzeln, wahlweise Wasser oder Beinwelltee
ZUBEREITUNG
- Frische Beinwellwurzel fein raspeln, mit etwas Flüssigkeit gut vermischen oder einen Wurzelbrei wie oben beschrieben anrühren.
- Den Brei (alternativ Beinwellsalbe) 1–2 cm dick auf ein Tuch streichen.
- Wird eine Tinktur verwendet, sollte sie 1:5 bis 1:10 verdünnt werden. Dann das Tuch in der Tinktur tränken und auflegen.

ANWENDUNG
- Die Ränder des Tuchs mit der Paste oder Salbe umschlagen und das Tuch so auflegen, dass sich nur eine Stoffschicht zwischen Haut und Beinwell befindet.
- Ein dünnes Baumwolltuch darüberlegen.

- Das Ganze mit einer Binde oder einem großen Tuch/Schal fixieren.
- Während der Wickel wirkt, möglichst Ruhe halten und den Fuß oder das Gelenk hochlagern.
- Der Wickel darf so lange liegen bleiben, wie er als angenehm empfunden wird.
- Im Akutfall mehrmals täglich einen neuen Wickel zubereiten.

Ein Beinwellwickel eignet sich bei Verstauchungen, Prellungen, Bluterguss, stumpfen Verletzungen oder Knochenbrüchen.

Beinwellgips (Grundrezept nach L. D. Hills)

ZUTATEN

Beinwellpulver und Speisestärke zu gleichen Teilen, kaltes und heißes Wasser

ZUBEREITUNG

- Die Stärke mit etwas kaltem Wasser zu einer weichen Paste anrühren.
- Nun gerade so viel kochendes Wasser zugeben, dass die Paste anfängt zu »laufen«.
- Das Beinwellpulver kräftig einrühren, sodass wieder eine glatte Paste entsteht.

ANWENDUNG

- Auf die betroffene Stelle auftragen und abdecken/verbinden.
- Geeignet bei stumpfen Verletzungen auf geschlossener Haut.

Die Auflage wird nach wenigen Stunden hart wie Gips, kann am Stück heruntergenommen und auch wieder aufgelegt werden, wenn man die darunter liegende Stelle behandeln möchte.

Emulsionen

Die hier vorgestellten Emulsionen bestehen aus einem Teil Öl und einem Teil Pflanzenwasser (Hydrolat). Das Pflanzenwasser kann durch destilliertes Wasser, Tee oder abgekochtes Wasser ersetzt werden. Die Anteile können nach Bedarf und Vorliebe variiert werden. Die Emulsion wird in eine Sprühflasche gefüllt und vor dem Anwenden geschüttelt, damit sich die beiden Komponenten verbinden. Auf die betroffene Stelle aufsprühen und einreiben. Da das Öl immer oben schwimmt und das Hydrolat luftdicht abschließt, ist die Emulsion mehrere Monate haltbar. Falls sie längere Zeit nicht gebraucht wird, im Kühlschrank aufbewahren.

Die Herstellung der Pflanzenwässer in der Topfdestille ist im Kapitel zu den Hydrolaten beschrieben (siehe S. 124 ff.).

Schüttelemulsion Beinwell-Rose

ZUTATEN

1 Teil Beinwellöl, 1 Teil Rosenwasser

ZUBEREITUNG

Das Beinwellöl und das Rosenwasser zu gleichen Teilen in ein Fläschchen mit Sprühaufsatz füllen.

ANWENDUNG

- Gut schütteln und aufsprühen.
- Geeignet bei kleinen Verletzungen zur Behandlung der Wundränder, bei gestresster Haut und zur Narbenpflege.

Schüttelemulsion Beinwell-Johanniskraut

ZUTATEN

1 Teil Beinwellwasser, 1 Teil Johanniskrautöl

ZUBEREITUNG

Das Beinwellwasser und das Johanniskrautöl zu gleichen Teilen in ein Fläschchen mit Sprühaufsatz füllen.

ANWENDUNG

- Gut schütteln und aufsprühen.
- Geeignet bei Muskel- und Nervenschmerzen, zur Hautpflege, bei Schuppenflechte, zur Narbenpflege und bei kleineren Wunden.

Schüttelemulsion Beinwell-Johanniskraut-Lavendel

ZUTATEN

1 Teil Beinwellwasser, 1 Teil Johanniskrautöl, ätherisches Lavendelöl (1–5 Tropfen auf 50 ml Emulsion)

ZUBEREITUNG

Das ätherische Öl mit dem Johanniskrautöl in ein Sprühfläschchen geben und gut verschütteln. Dann das Beinwellhydrolat zugeben.

ANWENDUNG

- Gut schütteln und aufsprühen, dann einziehen lassen.
- Geeignet bei Sonnenbrand und kleineren Verbrennungen.

Schüttelemulsion Beinwelltinktur mit Johanniskraut- oder Beinwellöl

Da die Beinwelltinktur an sich schon etwas ölig ist, verbindet sie sich gut mit Ölauszügen. Die folgende »Notfallmischung« passt gut in die Sporttasche oder in den Rucksack beim Wandern.

ZUTATEN

1 Teil Beinwelltinktur, 1 Teil Öl (z. B. Johanniskraut- oder Beinwellöl)

ZUBEREITUNG

Beide Teile in ein Glasfläschchen mit Tropfer oder Sprühaufsatz geben.

ANWENDUNG

- Gut schütteln und auftragen oder aufsprühen.
- Geeignet bei Sportverletzungen, Prellungen, Verstauchungen und Muskelschmerzen.

Gut schütteln und gleich auftragen: Beinwelltinktur mit Johanniskrautöl.

Beinwell in der Kosmetik

Erholung für gestresste Haut

Verschiedene Wirkstoffe im Beinwell pflegen und regenerieren nachweislich die Haut. Da ist es naheliegend, ihn in der Kosmetik einzusetzen: bei gereizter Haut in einer Stressphase, für eine kleine Kur bei unreiner Haut und Akne, als Massageöl zur Muskelentspannung, zur Gewebestraffung bei Zellulitis oder auch als Mundwasser zur Kräftigung des Zahnfleischs. Davon abgesehen ist eine Gesichtsmaske mit Beinwell der Luxus pur. Die Haut fühlt sich danach weich, geschmeidig und völlig entspannt an.

Eine Wohltat für die Haut: Beinwellcremes und -salben.

Bei der Zubereitung kommen frische Blätter, Wurzeln und Blüten zum Einsatz, für manche Anwendungen auch die getrockneten Pflanzenteile. Hauptsächlich verwende ich in den Rezepten Ölauszüge sowie das Beinwellhydrolat, die mit anderen Heilpflanzen kombiniert werden, zum Beispiel für eine Schüttelemulsion, eine pflegende Hautcreme oder eine Mundspülung. Auch hier gilt wieder: Beinwell ist eine starke Heilpflanze, eine Daueranwendung ist meist gar nicht nötig. Ich verwende die aufgeführten Rezepte für eine Kur oder bei Bedarf.

Wirkung auf die Haut in Kurzform: Chlorophyll beruhigt und macht die Haut widerstandsfähiger, Allantoin hilft bei der Zellregeneration, genauso die Schleimstoffe. Proteine regen den Zellstoffwechsel an, die Kieselsäure festigt das Bindegewebe, tut Haaren und Nägeln gut. Insgesamt wirken die Pflanzenauszüge desinfizierend und unterstützen die Selbstreinigung der Haut bei Unreinheiten und Pickeln.

Rezepte: Die Zubereitung von Beinwellölauszügen (siehe S. 127ff.), -tinkturen (siehe S. 130) und dem -hydrolat (siehe S. 122ff.) sowie das Trocknen der Pflanzenteile (siehe S. 112ff.) ist den entsprechenden Kapiteln zu entnehmen.

Gesichtsmaske 1: Beinwell mit Gurke und Apfel

Rezept: Claudia Plohmann

Das Rezept tut gut bei stark ausgetrockneter Haut, Hautirritationen oder auch Unreinheiten. Die Gesichtsmaske wirkt kühlend und erfrischend.

ZUTATEN

Gurke, Apfel, frische Beinwellwurzel oder Wurzelpulver

ZUBEREITUNG

- Je ein Drittel Gurke, frisch geriebenen Apfel und frisch geraspelte Beinwellwurzel miteinander vermischen.
- Alternativ zur frischen Wurzel kann Wurzelpulver verwendet werden. Beim Pulver die Hälfte der Menge nehmen, die Masse etwas quellen lassen.
- Die Masse in ein kleines Tuch geben und wie einen Kräuterstempel zusammenfalten.

ANWENDUNG

- Sanft auf die Gesichtshaut, Hals und Dekolleté auftupfen.
- 15–20 Minuten einwirken lassen, dann abwaschen.

Die Haut fühlt sich nachfolgend weich und erholt an.

Mit ganz einfachen Zutaten lässt sich eine Gesichtsmaske herstellen, die der Haut Feuchtigkeit und Elastizität verleiht. Fein geschnittene Beinwellblätter spielen die Hauptrolle, es dürfen gerne auch Comfreyblätter sein.

Gesichtsmaske 2: Beinwell mit Joghurt und Hafermehl

Rezept: Heike Blanck

Diese kühlende Maske fühlt sich angenehm auf der Haut an und spendet Feuchtigkeit. Sie ist wohltuend nach einem Tag in der Sonne oder bei einem leichten Sonnenbrand.

ZUTATEN

2 EL Joghurt, 2 EL frische Beinwellblätter, 1–2 EL Hafermehl

ZUBEREITUNG:

- Den Joghurt und die fein gehackten Beinwellblätter gut vermischen.
- 1–2 EL feines Hafermehl hinzugeben und umrühren, bis ein cremiger Brei entsteht.

ANWENDUNG

Die Maske auftragen, ungefähr 15 Minuten einwirken lassen, dann abwaschen.

Schüttelemulsion – Erholung für die Haut in der Nacht

Diese Zubereitung lässt sich wunderbar abends anwenden. Durch den Wasseranteil zieht die Mischung schnell ein, die Haut fühlt sich frisch und gepflegt an. Die Emulsion hinterlässt keinen Fettfilm auf der Haut, sodass sie in der Nacht nicht bei der Entgiftung stört.

Das Rezept eignet sich für eine Hautkur in Stressphasen oder im Winter, wenn trockene Heizungsluft der Haut zu schaffen macht. Beinwell klärt und versorgt die Haut mit Nährstoffen, Lavendel pflegt und entspannt. Sie ist auch bei einem leichten Sonnenbrand oder leichten Verbrennungen geeignet. Beide Pflanzen haben sich hierfür gut bewährt. Da das Öl immer oben schwimmt und das Wasser luftdicht abschlossen wird, hält die Emulsion mindestens drei bis vier Monate. Wird sie längere Zeit nicht gebraucht, sollte sie im Kühlschrank aufbewahrt werden.

Schüttelemulsion Beinwell-Lavendel

ZUTATEN

1 Teil Beinwellblätteröl, 1 Teil Lavendelhydrolat

ZUBEREITUNG

- Beinwellblätteröl und Lavendelhydrolat zu gleichen Teilen in ein Fläschchen mit Sprühaufsatz füllen.
- Das Mischungsverhältnis kann individuell angepasst werden: Für eine sehr trockene Haut etwas mehr Öl nehmen.

Das Lavendel-Hydrolat kann auch durch ein anderes, selbst gemachtes Hydrolat ersetzt werden (siehe S. 123 ff.). Sehr gut passen Rosenblüten-, Holunder-, Rosengeranien- oder Fenchelsamenhydrolat.

ANWENDUNG

Vor der Anwendung gut schütteln, 1–2 Sprühstöße in die Hand geben und sanft auf der Haut verteilen.

Schüttelemulsion Beinwell-Ringelblume

Das Rezept lässt sich auch umkehren: Dazu verwende ich ein Auszugsöl aus Ringelblumenblüten und ein Beinwellhydrolat. Diese Mischung eignet sich auch gut zur Behandlung von kleinen Wunden.

ZUTATEN

Ringelblumenblütenöl, Beinwellhydrolat

ZUBEREITUNG

1 Teil Beinwellhydrolat und 1 Teil Ringelblumenblütenöl in ein Fläschchen mit Sprühaufsatz füllen.

ANWENDUNG

Vor der Anwendung gut schütteln, dann 1–2 Sprühstöße in die Hand geben und sanft auf der Haut verteilen.

Ein Hauch von Luxus: Beinwellgesichtscreme pflegt und entspannt die Haut.

Gesichtspflegecreme »Tausendundeine Nacht«

Diese nährende Gesichtscreme eignet sich für trockene und gestresste Haut. Das ätherische Öl und das Rosenhydrolat verleihen ihr einen Hauch von Luxus und Orient. Die Creme kommt ohne Emulgatoren aus. Deshalb sollte man sich Zeit zum Rühren nehmen, dann bleibt sie stabil. Es lohnt sich!

ZUTATEN

5 g Bienenwachs, 10 g Wollfett (Lanolin anhydrid), 5 g Sheabutter, 20 ml Mandelöl, 20 ml Jojobaöl, 20 ml Rosenhydrolat, 20 ml Beinwellhydrolat (alternativ Beinwelltee), 10 Tropfen Granatapfelkernöl, 5 Tropfen Sanddornfruchtfleischöl, ätherisches Öl: 10–15 Tropfen Osmanthus absolue, 5 Prozent (*Osmanthus fragrans*)

ZUBEREITUNG

- Bienenwachs und Wollfett in ein Keramik- oder Glasgefäß geben und im Wasserbad schmelzen lassen.
- Sheabutter zugeben, dann auch das Mandel- und das Jojobaöl.
- Alles auf ungefähr 65–70 °C erwärmen (Teethermometer benutzen).
- Die beiden Hydrolate (oder Tees) mischen und das Hydrolatgemisch in einem separaten Töpfchen oder Becherglas vorsichtig auf die gleiche Temperatur erwärmen.
- Das Hydrolatgemisch unter ständigem Rühren portionsweise in die Fettphase geben (nicht umgekehrt!) und darauf achten, dass es während dieses Vorgangs nicht zu sehr abkühlt.

- Wenn alles eingerührt ist, aus dem Wasserbad nehmen, geduldig weiterrühren und dabei abkühlen lassen. Zum Rühren einen Schneebesen oder auch einen elektrischen Milchaufschäumer verwenden.
- Wenn die Creme beginnt, sich zu festigen, werden die ätherischen Öle eingerührt.
- Nun in Cremetiegel füllen, die vorher mit Alkohol desinfiziert wurden.
- Bis zum Gebrauch kühl aufbewahren. Die Creme ist mindestens drei bis vier Monate haltbar. Wird sie längere Zeit nicht benutzt, im Kühlschrank aufbewahren.

Das ätherische Öl ist in diesem Rezept für den guten Duft zuständig. Man kann es auch weglassen oder durch ein anderes ätherisches Öl ersetzen.

Hautessenz bei unreiner Haut

Rezept: Johanna Pfeiffer

Die Hautessenz wird abends punktuell auf die gereinigte, noch etwas feuchte Haut aufgetragen. Sobald man merkt, dass die Haut durch den Alkohol zu trocken wird, die trockenen Hautpartien aussparen, mit einem Pflegeöl nachbehandeln oder einige Tage mit der Anwendung pausieren. Bei einzelnen Pickeln hilft es auch schon, sie ein- bis zweimal mit Beinwelltinktur zu betupfen. Die Hautessenz ist mindestens ein Jahr haltbar.

ZUTATEN

2 etwa handlange, dünne Beinwellwurzeln, je 1 EL Gänseblümchen, Rosmarin, Thymian und Kamillenblüten; die Zutaten, wenn möglich, frisch verwenden; bei getrockneten Pflanzen nur einen halben EL nehmen

Hautpflege aus dem Garten: Die Zutaten werden möglichst frisch verwendet.

ZUBEREITUNG

- Wurzeln und Kräuter klein schneiden und in ein Glas geben.
- Mit Alkohol (Korn, Doppelkorn) auffüllen. Das Verhältnis Kräuter zu Alkohol sollte bei 1 : 2 liegen.
- Drei bis vier Wochen ziehen lassen, regelmäßig schwenken.
- Abfiltern und in eine dunkle Flasche füllen.

ANWENDUNG

Ein Wattepad oder Läppchen mit der Hautessenz tränken und unreine, fettige, gereizte oder entzündete Hautstellen damit betupfen.

> *»Ich nutze die Hautessenz, wenn sich nach einem langen, anstrengenden Tag ein leichter ›Fettfilm‹ auf der Haut gebildet hat. Sie vertreibt dieses Gefühl, und die Haut fühlt sich ganz rein und gepflegt an. Das ist besonders angenehm im Sommer bei sehr heißen Temperaturen.«*
>
> Johanna Pfeiffer

Beinwellmassageöl

Rezept: Ulla Kutzner

Dieses Massageöl tut bei schweren Beinen gut, kann aber auch generell für eine entspannende und gewebestraffende Massage eingesetzt werden. Das Kletten-Labkraut unterstützt den Lymphfluss, die Birke stärkt das Bindegewebe, der Beinwell wirkt in beiden Richtungen. Sesamöl wirkt wärmend, entspannend und entgiftend und wird im Ayurveda als Reinigungsöl eingesetzt. Es hat einen nussigen Duft.

ZUTATEN

Beinwellwurzel und -kraut, Kletten-Labkraut, Birkenblätter, Sesamöl

ZUBEREITUNG

- Beinwellwurzel und -kraut, Kletten-Labkraut und Birkenblätter zu gleichen (Volumen-)Teilen mischen und mit Sesamöl übergießen. Falls keine frischen Pflanzen vorhanden sind, können getrocknete verwendet werden.
- Einen Warmauszug herstellen. Dazu das Öl mit den Pflanzen auf dem Herd oder einem Stövchen unter Rühren bis zum Simmern erwärmen. Einen Tag ruhen lassen. Das Ganze noch zweimal wiederholen.
- Abfiltern und in eine dunkle Flasche füllen.
- Kühl und trocken aufbewahrt, ist das Öl etwa ein Jahr haltbar.

ANWENDUNG

Die Beine abends sanft mit dem Öl massieren, dabei immer von unten nach oben streichen.

> *»Das Beinwohlöl wird schnell von der Haut aufgenommen, sie wird gut durchwärmt und fühlt sich danach glatt und geschmeidig an.«*
>
> Ulla Kutzner

Hornhautbalsam

Um Hornhaut aufzuweichen, kann man gut mit Beinwellwurzelauflagen oder einer einfachen Beinwellsalbe arbeiten. In diesem Rezept fügen wir dem Beinwell noch einige Zutaten hinzu. Sheabutter ist bekannt dafür, den Verhornungsprozess zu normalisieren. Weidenrinde kann aufgrund des Salicins die oberen Hornhautschichten erweichen. Das Weizenkeimöl wirkt in die gleiche Richtung. Es wird erst ganz am Ende zugegeben, da es möglichst nicht erhitzt werden sollte.

ZUTATEN

90 ml Beinwellwurzelöl (siehe S. 127), 20 ml Weizenkeimöl, 15 g Sheabutter, 15 g Bienenwachs, 20 ml Weidenrindentinktur

ZUBEREITUNG

- Beinwellwurzelöl, Sheabutter und Bienenwachs im Wasserbad unter Rühren erwärmen, bis alles geschmolzen ist.
- Von der Wärmequelle nehmen und eine kurze Weile unter Rühren abkühlen lassen. Nun langsam und portionsweise die Tinktur hineingeben. Dabei immer gut rühren, damit sie sich gut mit dem Fett verbindet.
- Weiterrühren, bis die Mischung nur noch gut handwarm ist (etwas unter ca. 40 °C). Nun langsam das Weizenkeimöl unterrühren.
- In Tiegel abfüllen, kühl und lichtgeschützt aufbewahren.
- Der Balsam ist etwa ein Jahr haltbar, er muss nicht gekühlt werden.

VARIATION

Morgens Weidenrindentinktur pur auftragen, abends die Beinwellsalbe. Bei Bedarf auf eine Mullkompresse streichen und eine Socke darüberziehen. So lange anbehalten, wie es als angenehm empfunden wird, bei Bedarf auch über Nacht.

Narbenpflege

Sobald sich eine Wunde geschlossen hat, kann die Narbe mit einer Salbe oder einem Öl behandelt werden. Beinwellzubereitungen haben sich für diese Anwendung bewährt. Ich würde sie abwechselnd oder kombiniert mit Johanniskrautöl anwenden, das in diesem Bereich ebenfalls sehr gut und heilsam wirkt. Das Rezept kann außerdem bei Amputationsschmerzen oder zur Pflege von Amputationsnarben eingesetzt werden.

ZUTATEN

50 ml Beinwellblätter- (siehe S. 128) oder -wurzelöl (siehe S. 127), 50 ml Johanniskrautöl, 10–15 g Bienenwachs

ZUBEREITUNG

- Aus den beiden Pflanzen zwei getrennte Ölauszüge herstellen.
- Zu gleichen Teilen mischen und erwärmen.
- Bienenwachs mit einem Anteil von etwa 10 Prozent einrühren und schmelzen lassen (bei 100 ml Öl etwa 10–15 g Wachs).
- In Salbentiegel füllen und erkalten lassen.
- Mehrmals täglich anwenden.
- Die Salbe ist mindestens ein Jahr haltbar, sie muss nicht gekühlt werden.

VARIATIONEN

Das Bienenwachs kann ganz oder teilweise durch Sheabutter ersetzt werden. Sie macht das Gewebe elastisch – ein Plus bei der Narbenbildung. Wer mag, kann noch etwas Öl aus Hagebuttensamen zugeben, das auch als »Wildrosenöl« angeboten wird. Es ist ein wertvolles Öl, das nicht lange haltbar ist, aber die Haut gut beim Heilungsprozess unterstützt. Auch Avocadoöl wirkt in diese Richtung. Beide Öle sollten möglichst nicht erhitzt werden. Bei diesem Rezept werden sie also erst ganz zum Schluss zugegeben, wenn die Salbe schon etwas abgekühlt ist. Für die Festigkeit muss der Wachsanteil entsprechend erhöht werden.

Mund- und Zahnpflege

Mundwasser

Rezept: Heike Blanck

Diese milde Zubereitung eignet sich zum Spülen des Mundraums und zum Gurgeln. Das Mundwasser desinfiziert und kann auch bei leichten Entzündungen des Zahnfleischs eingesetzt werden. Die Schafgarbe kräftigt und stärkt das Gewebe und wirkt außerdem antibakteriell. Wer möchte (und keine homöopathischen Medikamente nimmt), kann der Mischung noch 3–5 Tropfen ätherisches Minzöl zugeben.

ZUTATEN

50 ml Schafgarben- und 25 ml Beinwellwurzeltinktur

ZUBEREITUNG

Die Schafgarben- und Beinwellwurzeltinktur mischen.

ANWENDUNG

Nach dem Zähneputzen einige Tropfen in den Zahnputzbecher geben, etwas Wasser zufügen und den Mundraum gründlich damit ausspülen.

> *»Schmeckt herrlich frisch! Bei meinem letzten Zahnarztbesuch war die Ärztin erstaunt, weil ich keinen Zahnstein mehr hatte, wie sonst immer. Auch das Zahnfleisch sei kräftiger geworden. Ich hatte das Mundwasser etwa vier Wochen angewendet, manchmal täglich, oft aber auch nur alle zwei bis drei Tage.«*
>
> Heike Blanck

VARIATIONEN

Schafgarben-, Beinwellwurzel- und Pfefferminztinktur zu gleichen Teilen mischen. Die Pfefferminz- kann auch durch eine Salbeitinktur ersetzt werden.

Aus zwei bis drei Tinkturen lässt sich ein erfrischendes Beinwell-Mundwasser zaubern.

Tinktur zur Kräftigung des Zahnfleischs

Diese Kombination ist ein Klassiker in der Hausapotheke. Die Blutwurz ist eine unserer stärksten Gerbstoffpflanzen, sie kräftigt das Zahnfleisch, beugt Zahnfleischbluten vor und hilft auch bei Entzündungen im Mundraum. Der Wasseranteil kann – je nach Geschmack und Empfindlichkeit – variiert werden. Ich empfinde die Drei-Drittel-Lösung als sehr angenehm. Wenn die Blutwurz zu stark oder im Geschmack unangenehm ist, kann sie durch Salbei ersetzt werden.

ZUTATEN

Beinwell- und Blutwurztinktur, Wasser

ZUBEREITUNG

Ein Tropffläschchen jeweils zu einem Drittel mit Beinwelltinktur, Blutwurztinktur und Wasser füllen. Das Ganze gut verschütteln.

ANWENDUNG

Abends nach dem Zähneputzen ein paar Tropfen auf die Zahnbürste geben und vorsichtig ins Zahnfleisch einmassieren.

Zahnputzpulver

Zahnputzpulver ist eine Alternative zur herkömmlichen Zahnpasta. Das Beinwellzahnputzpulver kräftigt das Zahnfleisch. Ich verwende es ein- bis zweimal im Jahr als dreiwöchige Kur, auch in Kombination mit anderen Pflanzen.

Variante I

Dieses Rezept enthält Xylit, einen Zuckeralkohol, der aus Pflanzenteilen gewonnen wird (möglichst aus Birke gewonnenes Xylit verwenden). Xylit ist süß, schadet jedoch nicht den Zähnen, sondern wirkt sogar Zahnfleischentzündung und Karies entgegen. Wer es nicht mag, kann diese Komponente jedoch auch weglassen.

ZUTATEN

5 g getrocknete Beinwellblätter, pulverisiert und fein durchgesiebt, 15 g Schlämmkreide (Kalziumkarbonat), 10 g Xylit (aus Birke)

ZUBEREITUNG

Alle drei Zutaten gut vermischen und in ein Schraubgläschen füllen.

ANWENDUNG

Zur Anwendung etwas davon auf die feuchte Zahnbürste geben und die Zähne wie gewohnt putzen und spülen.

VARIANTEN

Dem Rezept können nach Geschmack noch 5 g pulverisierte Minze- oder Schafgarbenblätter zugegeben werden.

Statt Zahnpasta: Das Pulver reinigt die Zähne und kräftigt das Zahnfleisch.

Variante II

Rezept: Ulla Kutzner

Bei diesem Rezept wird statt Schlämmkreide eine feine grüne Mineralerde verwendet, die naturbelassen ist und nicht erhitzt oder bestrahlt wurde. Das Natron neutralisiert Gerüche.

ZUTATEN

1–2 TL grüne Mineralerde, extra fein (naturbelassene Tonerde, sonnengetrocknet), 1 TL Xylit, 1 TL Speisenatron, 1 TL getrocknete Beinwellblätter, 1 TL getrocknete Salbeiblätter

ZUBEREITUNG

- Die getrockneten Beinwell- und Salbeiblätter pulverisieren und fein durchsieben.
- Dann alle Zutaten gut vermischen und in ein Schraubgläschen füllen.

ANWENDUNG

Zur Anwendung etwas davon auf die feuchte Zahnbürste geben und die Zähne wie gewohnt putzen und spülen.

Kulinarisches mit Beinwell

Vom Kriegsgemüse zur Sterneküche

Sein Duft erinnere an eine Meeresbrise, schreibt Sternekoch Jean-Marie Dumaine (2008, S. 20) über den Beinwell. Der Franzose eröffnete vor vierzig Jahren eines der besten Restaurants für die Wildpflanzenküche, das »Vieux Sinzig« in Sinzig bei Bad Neuenahr. In seinen Rezepten füllt er große Beinwellblätter mit Brennnesselpasta oder Kasseler. Er klappt die haarigen Blätter als Cordon bleu zusammen und garniert sie mit Minze-Beinwell-Sauce. Der französische Ethnobotaniker François Couplan (2011, S. 108), der ihn dazu inspiriert hat, isst gerne gerollte Beinwellblätter in Bierteig getaucht und in der Pfanne ausgebacken: »Sie schmecken dann wie Seezungenfilets.«

Auf den ersten Blick könnte das ein wenig irritieren, vor allem, wenn man nur die stachelige Seite des Beinwells kennt. Doch wer sich intensiver mit der Wildkräuterküche beschäftigt, schätzt auch das feine Aroma seiner Blätter. Sie duften zerrieben nach Gurke und manchmal tatsächlich ein wenig nach Meer, weshalb sie sich gut mit Fisch kombinieren lassen. Und auch Skeptiker, die den Beinwell roh nicht mögen, lassen sich in der Regel mit den ausgebackenen Blättern überzeugen. Kein Wunder, dass er in kaum einem Wildkräuterkochbuch fehlt.

Neben der Sterneküche gibt es noch eine andere Seite, bei der es nicht um Kulinarik, sondern ums schlichte Überleben geht. Dokumentiert ist das in einem kleinen Büchlein mit dem Titel »Kriegsgemüse Kochbuch«, 1917 herausgegeben von der »Reichsstelle für Gemüse und Obst« in Berlin. Darin sind Rezepte mit Wildpflanzen und »Unkräutern« aufgelistet, mit denen sich die Bevölkerung in den Kriegsjahren behelfen sollte. Über den Beinwell heißt es, er sei »eines unserer besten Wildgemüse« (Küster 1917/2018, S. 70).

Es ist nicht das erste Mal, dass die Bevölkerung zu Notzeiten auf den Beinwell zurückgreift. In Irland vernichtete die Kartoffelfäule zwischen 1845 bis 1849 großflächig die Ernte und löste eine verheerende Hungersnot aus. Ein Teil der Bevölkerung soll damals Kartoffeln durch Wurzeln und Kraut des Beinwells ersetzt haben.

Auch in guten Zeiten war Beinwell unseren Vorfahren auf dem Speiseplan willkommen, nicht als Notnagel, sondern als gesundes und schmackhaftes Gemüse. Was wir uns heute kaum noch vorstellen können: Auch die Wurzeln kamen auf den Tisch. Sie wurden wie Schwarzwurzeln zubereitet, also geschält, in kleine Stücke geschnitten und gekocht, und für ihr feines Aroma und ihren gesundheitlichen Wert gelobt. Fein geraspelt waren sie Bestandteil von Salaten und Rohkostplatten, auch in neueren Kochbüchern finden sich noch viele Rezepte dazu. Mit der geriebenen Wurzel lassen sich Saucen und Suppen andicken – die Schleimstoffe machen es möglich. Die Blütenstängel wurden im frühen Stadium noch vor der Blüte geerntet, geschält und wie Spargel zubereitet. In manchen Gegenden wurde die Beinwellwurzel ähnlich wie Löwenzahn getrocknet, geröstet und als Kaffeeersatz aufgebrüht. Große Blätter hat man verwendet, um Butter darin einzuwickeln und kühl zu halten – daher der alte Name Schmalzwurz.

Im Baltikum wird die Pflanze bis heute gerne gegessen. In Westgeorgien ist sie Bestandteil des traditionellen Gerichts »Pkhali«. Das ist eine Walnuss-Kräuter-Gemüse-Mischung, die in vielen Variationen zubereitet wird. In einer bestimmten Region werden dafür die Blätter von *Symphytum grandiflorum*, dem Großblütigen Beinwell, auf den lokalen Märkten verkauft (Łuczaj 2017).

Eiweiß in Mengen

Beinwell enthält ein hochwertiges Eiweiß, das in Bezug auf seinen Nährwert mit tierischem Eiweiß vergleichbar ist. Mit 30 Prozent in der Trockenmasse ist der Eiweißanteil sehr hoch. Zudem liefert der wachstumsfreudige Beinwell eine üppige Ernte. Kein Wunder, dass Autoren der 1970er-Jahre in ihm die Eiweißpflanze der Zukunft sahen mit dem Potenzial, den Hunger in der Welt zu lindern und die Viehhaltung zu reduzieren (Schloss 1979, S. 88 ff.).

Lawrence D. Hills berichtet von bis zu 250 Tonnen Biomasse pro Jahr und Hektar, die der Beinwell liefere. Was die Welt brauche, sei eine Methode, um die darin enthaltenen dreieinhalb Tonnen (!) pures Protein zu extrahieren und haltbar zu machen, schreibt er (Hills 1976/2008, S. 177). Doch dazu sei noch eine Menge Forschungsarbeit und Geld nötig.

Daraus ist nichts geworden, wie wir wissen. Vielleicht ist es auch ganz gut, dass der Beinwell kein Massenlieferant von Eiweiß geworden ist. Dafür dürfen wir uns heute den Luxus gönnen, ihn hin und wieder frisch aus dem eigenen Garten oder von der Wiese auf den Tisch zu bringen. Wichtig ist es auch hier, das richtige Maß zu finden und auf den eigenen Körper zu hören. Wer dem Beinwell misstraut, sollte die Finger davon lassen. Wer ihn kennenlernen möchte, kann ein, zwei Blättchen im Salat ausprobieren. Wer ihn liebt und schätzt, hat das richtige und gesunde Maß in der Regel schon herausgefunden.

Nun noch ein Beispiel, das einen sehr entspannten Umgang mit dem Beinwell zeigt. Es führt zu Liesel Malm, einer Kräuterfrau aus dem Westerwald. Vor vielen Jahren konnte ich sie bei einem Besuch in ihrem weitläufigen Kräutergarten kennenlernen. Besonders beeindruckt hat mich damals, dass sie alle Pflanzen, die in ihrem Garten wuchsen, schon an den Keimblättern erkennen konnte. Die Kräuter-Liesel, wie sie genannt wird, hat nach einer schweren Erkrankung zu den Wildpflanzen gefunden. Sie hält sich mit einer Ernährungsumstellung und ihren Kräutern bis ins hohe Alter gesund. Über den Beinwell sagt Liesel Malm (2013, S. 55) in einem ihrer Bücher: »Im Sommer esse ich täglich zwei bis drei Blätter Beinwell im Salat. Diese pflücke ich etwa in der Mitte des Busches, nicht ganz oben und auch nicht ganz unten. Denn dort, so heißt es, enthält die Pflanze am ehesten Alkaloide, die unter bestimmten Voraussetzungen giftig wirken können. Beinwell in Maßen genossen muss keiner fürchten und seine positiven Eigenschaften überwiegen – ich wäre sonst längst gestorben.«

Beinwell küchenfertig zubereiten

Zum Verarbeiten pflückt man junge, gesunde Blätter, etwa in mittlerer Höhe der Stängel. Hauptsaison ist im Frühjahr bis zur ersten Blüte. Danach werden die Blätter etwas derber und sind nicht mehr ganz so schmackhaft. Werden Beinwell und Comfrey rechtzeitig zurückgeschnitten, gibt es auch später im Jahr noch gute Ernten.

Die Blätter können vor dem Verzehr mit dem Nudelholz bearbeitet werden, die dicke Mittelrippe schneidet man heraus. Sie können auch kurz mit heißem Wasser überbrüht, blanchiert oder einige Stunden mariniert werden. Auch das macht sie weicher. Frisch bereichern sie Salat, Kräuterquark oder -butter, gedämpft können wir sie wie andere Wildkräuter auch als Zutat zum Gemüse oder als Füllung einsetzen. Klassiker sind nach wie vor Beinwellblätter im Ausbackteig oder, als vegetarisches »Cordon bleu«, gefüllt mit Käse oder Gemüse.

Für die Küche eignen sich gut die Comfrey-Arten, denn sie sind weniger borstig als die Wildform, besonders die Sorte 'Bocking No. 4' (siehe S. 42ff.). Das stärkste Gurkenaroma hat allerdings (nach einer nicht repräsentativen Umfrage unter Kräuterliebhabern) 'Bocking No. 14'.

Die Blüten können als essbare Dekoration im Salat oder Quark eingesetzt werden.

Fächerkartoffeln mit Beinwell-Brennnessel-Mix und veganem Dip

Rezept: Nicole Giegerich-Ritthaler

ZUTATEN FÜR 2 PERSONEN

6 mittelgroße (vorwiegend festkochende) Kartoffeln, je 1 Handvoll Beinwell- und Brennnesselblätter, 3 EL Öl, grobes Meersalz zum Bestreuen

Für den Dip: 150 g vegane Creme (z. B. auf Mandelbasis), 2 EL veganer Joghurt, 1 Handvoll Wildkräuter, Salz und Pfeffer, optional 1 EL Himbeeressig

ZUBEREITUNG

- Den Backofen auf 200 °C vorheizen.
- Die Kartoffeln waschen, längs zwischen zwei Kochlöffel legen und in einem Abstand von 3 Millimetern fächerförmig quer einschneiden. (Die Kochlöffel verhindern, dass die Kartoffeln ganz durchgeschnitten werden.)
- Die Beinwell- und Brennnesselblätter waschen, trocken tupfen und fein schneiden. Abwechselnd so in die Schlitze der Kartoffeln legen, dass sie nicht herausschauen, da sie sonst beim Backen schwarz werden.
- Eine Auflaufform mit Öl einfetten oder ein Backblech mit Backpapier belegen.
- Die Kartoffeln darauflegen, mit Öl bepinseln und mit etwas grobem Meersalz bestreuen.
- Im Ofen 35 Minuten backen. Nach der Hälfte der Backzeit die Kartoffeln erneut mit Öl bepinseln.
- Für den Dip die Creme mit dem Joghurt verrühren. Die Wildkräuter waschen, klein schneiden und dazugeben. Mit Salz, Pfeffer und nach Wunsch Himbeeressig abschmecken.

Dazu passt ein Wildkräutersalat.

»Als ich dieses Rezept ausprobiert habe, fand ich es toll, statt gekaufter Kräuter Wildkräuter zu verwenden. Sie wachsen gleich vor der Haustür, kosten nichts und enthalten auch noch mehr Vitamine und Mineralstoffe. Beinwell und Brennnessel ergänzen sich gut im Aroma und passen beide super zu den Ofenkartoffeln.«

Nicole Giegerich-Ritthaler

→ Dekorativ und schmackhaft: Fächerkartoffeln, gefüllt mit Beinwell und Brennnesseln.
↓ Eingewickelt in Beinwellblätter bleibt die Forelle saftig und zart.

Gegrillte Forelle in Beinwellblättern

Rezept: Nicole Giegerich-Ritthaler

ZUTATEN PRO PERSON

1 Forelle, evtl. bereits küchenfertig, Zitrone, Salz, 1 Handvoll würzige Wildkräuter wie Sauerampfer, Gundelrebe, Dost oder Schafgarbe, etwas Butter, 4–5 Beinwellblätter zum Einwickeln

ZUBEREITUNG

- Die Forelle ausnehmen und säubern oder bereits küchenfertig kaufen. Mit Zitronensaft beträufeln und salzen.
- Die Wildkräuter fein hacken, in den Bauch der Forelle füllen und einige Butterstückchen dazulegen.
- Den gefüllten Fisch mit Beinwellblättern umhüllen und die Blätter falls nötig mit Holzstäbchen fixieren.
- Etwa 15 Minuten bei nicht zu großer Hitze grillen.

»Der Fisch wird bei dieser Methode wunderbar zart und schmeckt je nach verwendeten Kräutern kräftig-würzig oder mild-aromatisch.«

Nicole Giegerich-Ritthaler

Die essbare Ummantelung für den Ziegenkäse schmeckt nicht nur, sondern sieht auch hübsch aus. Beinwell passt gut zum Aroma des Käses, ergänzt durch Thymian, Honig und Nüsse.

Ziegenkäse mit Beinwell, Walnüssen und Honig

Rezept: Nicole Giegerich-Ritthaler

ZUTATEN PRO PERSON

4–5 Walnusshälften, 4 kleine Beinwellblätter, 1 dicke Scheibe Ziegenrolle, Honig, rosa Pfeffer, Thymian, Salz und Pfeffer, optional Wildblumenblüten zum Anrichten

ZUBEREITUNG

- Die Walnusshälften klein hacken und in einer Pfanne anrösten.
- Den Backofen auf 100 °C vorheizen.
- Die Beinwellblätter kreuzförmig übereinanderlegen. Darauf die Ziegenrolle platzieren, mit den gerösteten, gehackten Walnüssen bestreuen, mit etwas Honig beträufeln und mit rosa Pfeffer, Thymian, Salz und Pfeffer würzen.
- Nun die Beinwellblätter über den Käse falten und mit Holzspießchen zusammenstecken.
- Im Backofen etwa 15 Minuten backen, bis der Honig leicht karamellisiert. Nach Wunsch mit Wildblumenblüten garnieren und sofort servieren.

»Beim Einpacken der Käsescheiben zum Backen im Ofen oder auf dem Grill war mir der Umweltgedanke wichtig – essbare Blätter statt Alufolie.«

Nicole Giegerich-Ritthaler

Gedämpfte Beinwell-Rotzungen-Röllchen mit Safransauce

Rezept: Kurt Schmidlin

ZUTATEN (ALS VORSPEISE FÜR 4 PERSONEN)

Röllchen: 25 g trockenes entrindetes Weißbrot, ca. 4 EL Schlagsahne, 1 Eiweiß, 125 g Rotzungenfilet (alternativ: Scholle), 1 EL trockener weißer Vermouth (z. B. Noilly Prat oder Martini extra dry), Salz, weißer Pfeffer aus der Mühle, wenig frisch geriebene Muskatnuss, 10–12 junge, zarte mittelgroße Beinwellblätter

Safransauce: 200–300 ml Weißwein, 6–7 EL trockener weißer Vermouth (z. B. Noilly Prat oder Martini extra dry), 2–3 EL fein gehackte Zwiebel oder Schalotte, 150 ml Fischfond, 1 Prise Safran, 120–140 ml Doppelrahm (Crème double), Meersalz und weißer Pfeffer aus der Mühle, gemahlener Koriander, Cayennepfeffer, 70–80 g eiskalte Butter in Stückchen zum Binden, 1–2 EL Vermouth zum Abschmecken

ZUBEREITUNG

- Für die Fischfarce das Weißbrot in kleine Stücke brechen. Mit Sahne und Eiweiß vermischen, dabei gerade so viel Sahne verwenden, dass alle Weißbrotstücke befeuchtet sind. Das eingeweichte Brot sehr kalt stellen (ca. 15 Minuten im Tiefkühler).
- Das Rotzungenfilet ebenfalls etwa 15 Minuten in den Tiefkühler legen, dann in grobe Stücke schneiden. Mit dem eingeweichten Brot vermischen, den Vermouth zugeben und mit Salz, Pfeffer und Muskat würzen. Die Masse im Blitzhacker (Cutter) oder mit dem Stabmixer pürieren (nicht zu lange bearbeiten, die Masse darf sich nicht erwärmen).

Beinwellröllchen auf Safranspiegel sind eine edle Vorspeise.

- Die Farce abschmecken und nochmals mindestens 10 Minuten im Kühlschrank kühl stellen.
- Inzwischen für die Sauce Wein, Vermouth, fein gehackte Zwiebel oder Schalotte und Fischfond zusammen aufkochen und so lange einkochen, bis nur noch 2–3 Esslöffel Flüssigkeit übrig sind. Den Safran unterrühren. Den Doppelrahm hinzufügen und kurz kochen, bis die Sauce sämig ist. Mit Meersalz, Pfeffer, wenig Koriander und wenig Cayennepfeffer würzen. Zuletzt die eiskalte Butter in die leicht köchelnde Sauce einrühren, bis die gewünschte Bindung erreicht ist. Die Sauce mit Vermouth abschmecken.
- Die dicke Mittelrippe der Beinwellblätter mit einem Messer flach schneiden. Die Beinwellblätter mit Fischfarce bestreichen und, am breiten Ende beginnend, aufrollen.
- Die Röllchen in einem Topf mit Siebeinsatz über wenig kochender Gemüsebrühe etwa 5 Minuten im Dampf garen. Herausnehmen, mit einem scharfen Messer quer halbieren und auf einem Saucenspiegel anrichten.

Dieses Rezept habe ich von einem befreundeten Wildkräuterliebhaber und begeisterten Hobbykoch erhalten. Auch wenn es etwas aufwendiger ist, lohnt es sich – es schmeckt fantastisch! Er schreibt dazu: »Die gemüseartige Komponente des Beinwells macht das Ganze leicht und frisch. Beinwell ist durchaus würdig, einen edlen Meeresfisch zu begleiten. Die Säure und die würzigen Aromen der Sauce bilden einen willkommenen Kontrast zu den feinen Noten des Beinwells und des Fisches. Safran ist das i-Tüpfelchen, sowohl optisch als auch geschmacklich, sein Aroma passt ausgezeichnet zum Beinwell.«

Beinwell-Cordon-bleu

Rezept: Kurt Schmidlin

ZUTATEN FÜR 3–4 PERSONEN

2 Eier, Salz, schwarzer Pfeffer aus der Mühle, Muskat, Curry, 200–300 g würziger Halbhartkäse (z. B. Greyerzer), 6–8 mittelgroße Beinwellblätter, Mehl und Paniermehl, Olivenöl, evtl. etwas Butter

ZUBEREITUNG

- Die Eier verquirlen und mit Salz, Pfeffer, Muskat und wenig Curry abschmecken.
- Den Käse in dünne Scheiben schneiden. Jeweils eine Hälfte der Beinwellblätter damit belegen, dann die Blätter zusammenklappen und gut andrücken.
- Die Beinwellpäckchen zuerst in Mehl, dann in der Eimischung und schließlich im Paniermehl wenden.

Kräftig im Geschmack: Beinwell kombiniert mit würzigem Käse.

- In Olivenöl auf beiden Seiten braten, bis sie goldbraun sind und der Käse auszulaufen beginnt. Eventuell kurz vor Schluss wenig Butter in die Pfanne geben und schmelzen lassen.

TIPPS

Dazu passen Kartoffelsalat oder Kartoffeln und ein grüner Salat. Oder als Vorspeise (dann reicht ein Cordon bleu pro Person) mit einer Salatgarnitur und Zitrone servieren.

Als vegane Variante lässt sich mit Mehl (evtl. auch Kichererbsen- oder Buchweizenmehl), (Mineral-)Wasser und Salz ein schmackhafter Ausbackteig herstellen. Gerade so viel Wasser zum Mehl geben, bis eine dickflüssige Masse entsteht. 20 Minuten quellen lassen, salzen und nach Geschmack würzen. Die Blätter mit veganem Käse füllen und ausbacken, wie im Rezept beschrieben.

> *»Da der Geschmack von Beinwell in der Literatur meist mit Fisch in Verbindung gebracht wird, hat es mich gereizt auszuprobieren, ob er sich auch anstelle von hellem Fleisch verwenden ließe. Die gebratenen Beinwellblätter passen in diesem ›Cordon bleu‹ geschmacklich gut zu den Röstaromen der Panade und dem würzigen Käse. Dieses Gericht besticht zudem durch die Einfachheit und den relativ geringen Zeitaufwand.«*
>
> Kurt Schmidlin

Gelingt in vielen Variationen: Beinwellbratlinge mit Ofenkartoffeln.

Beinwellbratlinge

Das Rezept lässt sich auch ganz einfach in veganer Variante zubereiten.

ZUTATEN FÜR 4 PERSONEN

100 g Beinwellblätter, 100 g Brennnesseln (nur die oberen Triebspitzen), 1 Schuss Apfelwein, ½ Apfel, 1 Zwiebel, Butter oder Öl zum Anschwitzen, 3 Vollkornbrötchen vom Vortag, etwas (Hafer-)Milch, 4 EL feine Hafer- oder Dinkelflocken, Salz, Pfeffer, Muskat, optional 1–2 Eier, 6 EL Sesam zum Panieren, Öl zum Ausbraten

ZUBEREITUNG

- Beinwellblätter und Brennnesseln waschen und in etwas Apfelwein kurz andünsten. Leicht ausdrücken und klein hacken.
- Den halben Apfel grob raspeln.
- Die Zwiebel fein würfeln und in Butter oder Öl anschwitzen.
- Die Brötchen in Würfel schneiden und in etwas (Hafer-)Milch einweichen. Vor der Weiterverwendung wenn nötig überschüssige Flüssigkeit ausdrücken.
- Die gehackten Kräuter, den geraspelten Apfel, die Zwiebel und die Flocken zur Brötchenmasse geben, verkneten und mit Salz, Pfeffer und Muskat würzen. Falls verwendet, nun die Eier zugeben und gründlich einarbeiten. Ist die Masse zu locker, noch etwas Haferflocken untermischen und quellen lassen. Die Masse sollte gut formbar sein.
- Kleine Bratlinge formen (ergibt 14–15 Bratlinge) und diese in Sesam wälzen.
- In einer Pfanne in Öl bei mittlerer Hitze goldbraun backen (oder im Backofen bei 200 °C 25–30 Minuten).

TIPPS

Wer mag, kann dem Sesam vor dem Panieren noch 1 EL Brennnesselsamen zufügen.

Dazu passen Ofenkartoffeln und eine Joghurt-Pfefferminz-Sauce. Für diese 1 Handvoll frische Pfefferminzblätter sehr fein hacken, mit 1 Becher Natur- oder Sojajoghurt mischen und mit Pfeffer und Salz abschmecken.

Die Anteile der verwendeten Kräuter können variiert oder auch gegen andere, wie zum Beispiel Giersch oder Schlangenknöterich, ausgetauscht werden.

Diese Bratlinge sind eine kleine Hommage an meine südhessische Heimat. Der Apfelwein gibt den Kräutern eine leicht herbe Note, der geriebene Apfel macht das ansonsten eher rustikale Gericht etwas frischer. (Es schmeckt aber auch, wenn man die Kräuter in Weißwein oder Wasser andünstet und den Apfel weglässt.)

Grüne Gazpacho mit Beinwell

Das traditionelle Rezept wird hier leicht variiert.

ZUTATEN FÜR 3–4 PERSONEN

1 Gurke, 1 reife grüne Paprika, 1 Zwiebel, 1 Knoblauchzehe, 1 Tomate, 3–4 Beinwellblätter, 1 Scheibe Weiß- oder Graubrot, 2 EL Essig, evtl. etwas Wasser, Salz, Pfeffer, Chili, fein geschnittener Schnittlauch

Grüne Gazpacho mal anders – ein ideales Sommergericht.

ZUBEREITUNG

- Die Gurke schälen und zusammen mit Paprika, Zwiebel, Knoblauch und Tomate würfeln und mischen.
- Die Beinwellblätter in feine Streifen schneiden, ein Drittel davon beiseitestellen, den Rest zur Gemüsemischung geben.
- Das Brot würfeln und mit dem Essig beträufeln, dann zur Gemüsemischung geben.
- Die Mischung im Mixer fein pürieren. Nach Bedarf noch etwas Wasser zugeben; es soll eine cremige Konsistenz entstehen.
- Die restlichen fein geschnittenen Beinwellblätter zugeben und unterrühren. Mit Salz, Pfeffer und Chili abschmecken und mit Schnittlauch bestreut servieren.

TIPPS

Die Suppe schmeckt an einem kühleren Tag auch sehr gut, wenn man sie leicht anwärmt.

Dazu passt frisches Weißbrot, das mit Knoblauch-Olivenöl beträufelt wird.

Dieses Rezept hat meine Schwiegermutter aus einem Spanienurlaub mitgebracht. Auch in Italien, wo sie lange lebte, hat man die kalte Gemüsesuppe in Grün oder Rot im Sommer gern gegessen. Als Gemüse wurde verwendet, was gerade vorrätig war. Meist waren Gurke, Paprika und Tomate dabei. Wir haben das Rezept mit Beinwell ergänzt, der gut zur Gurke und dem frischen Geschmack der Gazpacho passt.

Gut durchziehen lassen und genießen: Beinwellwasser erfrischt und schmeckt.

Beinwellwasser mit Gurke und Melisse

Das einfachste Rezept für ein Sommergetränk mit Beinwell ist dieses: Zwei bis drei zarte Beinwellblättchen etwas andrücken, zusammen mit einer Scheibe Zitrone in einen Krug kaltes Wasser geben und einige Stunden ziehen lassen. Immer wieder mal schluckweise davon trinken. Auf diese Weise nimmt man eine sehr feine, fast homöopathische Dosis Beinwell zu sich. Das Gleiche geht auch mit den Beinwellblüten, gerne auch gemischt mit anderen Sommerblüten.

VARIANTE 1

Wer mag, gibt noch ein paar Gurkenstückchen und etwas Zitronenmelisse oder Zitronenverveine hinzu. Auch ein Esslöffel Apfelessig wirkt im Sommer erfrischend.

VARIANTE 2

Ein Beinwellblatt in einen halben Liter Wasser geben und etwas ziehen lassen. Dann mixen und absieben. Das abgesiebte Wasser mit anderen Obst- oder Gemüsesäften und einer Scheibe Zitrone zu einem leckeren Sommergetränk mischen.

Magischer Beinwell

Wurzel-Amulette

Wie alle starken Wurzelpflanzen eignet sich auch die Beinwellwurzel dazu, Amulette oder einfach nur schöne Schmuckstücke herzustellen. Auf ein Lederband oder eine Kette gefädelt, lässt sich der Anhänger um den Hals tragen oder in die Tasche stecken. Für Menschen, die mit dem Beinwell eng verbunden sind und vielleicht auch schon gute Erfahrungen mit ihm gemacht haben, kann er eine unterstützende und stärkende Begleitung sein. Für alle anderen ist es eine Möglichkeit, ihn auf diese feinstoffliche Art besser kennenzulernen.

Das Amulett kann aus einem besonders schön geformten Stück der Wurzel oder aus Wurzelscheiben hergestellt werden. Ältere Wurzeln haben oft schon ein Loch in der Mitte, das sich für die Kordel nutzen lässt. Allzu dick sollte die Wurzel nicht sein, damit sie gut durchtrocknen kann.

Auch so kann man ihn kennen lernen: Beinwellwurzel als Schmuckstück um den Hals getragen.

SEITE 171
Aus einem schön geformten Stück Wurzel lässt sich ganz einfach ein Amulett herstellen.

Um einen Anhänger aus den Wurzelscheiben herzustellen, wird eine dicke Wurzel in etwa drei bis fünf Millimeter dicke Scheiben geschnitten. Am einfachsten ist es, das Loch im frischen Zustand hineinzubohren, denn die getrocknete Wurzel ist so hart wie ein Knochen – dann muss ein Bohrer helfen.

Die Wurzelscheiben werden im Backofen bei geöffneter Tür und etwa 60 bis 70 °C vorsichtig getrocknet. Das geht auch an einer warmen Stelle im Haus oder in der Sonne; es dauert aber etwas länger, und man muss gut aufpassen, dass sie nicht schimmeln. Beim Trocknen werden die Scheiben etwas kleiner und wellen sich. Wer das verhindern möchte, muss sie beim Trocknen beschweren oder in der Pflanzenpresse trocknen. Das braucht etwas Geduld, doch das Ergebnis lohnt sich.

Jetzt kommen die Feinarbeiten. Mit Schleifpapier wird die obere, dunkle Schicht abgeschmirgelt, sodass die Maserung und die Struktur der Wurzel schön hervortreten. Nun noch mit einem guten Öl einreiben, eine Öse oder ein Band daran befestigen – fertig ist der Beinwellanhänger.

Anhänger und Amulette können mit Perlen, Weißdornbeeren oder anderen Naturmaterialien kombiniert werden. Und manchmal entwickelt sich auch eine Geschichte daraus, wie die folgende, die mir eine Seminarteilnehmerin geschickt hat.

Erfahrungsbericht: Beinwell hilft bei der Abgrenzung

»Bei unserer Beinwellmeditation wurde mir klar, wie wunderbar er helfen kann, sich abzugrenzen. Die feinen, aber festen Härchen machen es nahezu unmöglich, ihn direkt am Blatt oder Stängel anzufassen. Die einzige ›angreifbare‹ Stelle sind seine kleinen, zarten, glockenförmigen Blüten. Obwohl ich ihn zuerst nur wenig ansprechend fand, war der Beinwell plötzlich eine ganz großartige Pflanze für mich!

Im Herbst kam ich in eine unangenehme Situation. Ein guter Freund beschwerte sich bei mir ständig über seine Frau, und seine Frau lästerte bei mir über ihn. Da fiel mir wieder die Beinwellwurzel ein, die ich mitgenommen und getrocknet hatte. Ich bastelte mir ein Schutzamulett und trug es, wenn ich einen von beiden sah. Ich weiß bis heute nicht, wie der Beinwell das geschafft hat, aber mit einem Mal hörten sie auf, übereinander herzuziehen. Das war eine große Erleichterung für mich.«

Melanie Detjen, Steinsberg

Magische Bräuche

Unsere Vorfahren kannten einige magische Anwendungen mit Beinwell. So wurde bei einem Beinbruch eine Wurzel ausgegraben, zerbrochen und dann wieder zusammengefügt und verbunden. Parallel dazu wurde der Kranke mit Beinwell behandelt. Die bandagierte Wurzel sollte als eine Art Analogiezauber den Heilungsprozess fördern.

Bei Brüchen, ob bei Mensch oder Tier, kam dieser Zauber zum Einsatz, der aus dem Kanton Zürich stammen soll: »Man nimmt den Kot des Bruchleidenden, gräbt gegen die Morgensonne, am besten an der Ostecke des Hauses ein kleines Grübchen, legt den Kot hinein, pflanzt ein Wurzelstückchen der Schwarzwurz und deckt alles wieder im Namen des Vaters, des Sohnes usw. zu. Sobald die Wurzel treibt, wird auch der Bruch heilen und beim Erscheinen des ersten Blattes völlig verschwunden sein« (Bächtold-Stäubli 1927–1942/2008, S. 1455).

In ähnlicher Form wurde dieser Brauch in Thüringen praktiziert: Man drückt die bei abnehmendem Mond gegrabene Wurzel dem Kranken dreimal auf den »Leibesschaden« und sagt dabei seinen Namen, heißt es im *Handwörterbuch des Deutschen Aberglaubens*. Dann wird die Wurzel vergraben – den Zauberspruch und das Gebet dabei nicht vergessen!

Aus Hessen (Kreis Schlüchtern) stammt der Brauch, mit der Beinwellwurzel die Schweine von der »Drach« – einer Lähmung der Hinterbeine – zu heilen. Dazu steckt man ein Stück Wurzel in eine Mauerritze des Schweinestalls und sagt dabei: »Drach, Drach, Drach, weich aus dem Gemach. Das tu ich dir zur Buße (jetzt die Wurzel hineinstecken). Im Namen des Vaters, des Sohnes und des Heiligen Geistes« (ebd., S. 1456). Ganz sicher ist es jedoch nicht, dass mit der »Schwarzwurz« in diesem Fall auch wirklich der Beinwell gemeint ist. Bei den Brüchen allerdings kann man davon ausgehen, dass er die richtige Pflanze für diese Beschwörung ist.

Auch wenn es ums Geld geht, ist der Beinwell magisch eingesetzt worden. Das passt zu ihm, denn als Saturnpflanze steht er auch für die materielle Welt. Ein Tipp: Auf Reisen sollte man immer etwas Beinwellkraut oder ein Stückchen Wurzel bei sich tragen und auch etwas davon in den Koffer tun. So reist man sicher und ist vor Gefahren geschützt, das Gepäck geht nicht verloren und das Geld geht nicht aus.

Laut Elisabeth Brooke, Heilkundige aus London, ist der Beinwell Hekate geweiht, der Göttin der Nacht. »Beinwell hat die Macht, zu zerstören und aufzubauen«, schreibt sie (Brooke 1996, S. 261). »Er ist ein Organisator und Transformator und kann als solcher bei alchemistischer Arbeit verwendet werden.« Er wird bei Ritualen eingesetzt, bei denen es darum geht, bestimmte Bestrebungen in der Welt zu manifestieren.

Alles in allem aber gibt es, zumindest im deutschsprachigen Raum, nur recht wenige magische Anwendungen mit dem Beinwell, verglichen mit anderen starken Pflanzen wie etwa dem Johanniskraut oder der Schafgarbe. Vielleicht ist er dafür einfach zu sehr Realist, zu sehr dem Saturn zugewandt.

Märchen und Sagen

Auch Sagen, Mythen und Märchen lassen sich nur wenige zum Beinwell finden, und leider taucht er auch in den meisten modernen Märchenbüchern über Kräuter nicht auf.[25]

Eine alte Geschichte über den Beinwell stammt aus dem Harz. Sie erzählt von einer Familie, in der die Männer verschiedener Generationen im Krieg ihr Leben lassen mussten. Als nun auch der Sohn in die Schlacht ziehen soll, klagt und weint die Mutter bitterlich. Doch die weise Alte, die an der Feuerstelle am Spinnrad sitzt, weiß Rat. Sie lässt die Enkelin zum Grab ihres Oheims gehen. Dort soll sie nachschauen, welche Pflanze auf dem Totenbett der Lieben wächst. Zwei Tage ist das Mädchen unterwegs, dann steht es freudestrahlend wieder in der Tür. »Mütterchen, Großmütterchen, seht, welche Pflanze auf dem Grabe stand!« Sie hatte den Beinwell vom Grab des Ahnherrn gepflückt. Ein gutes Zeichen: »So wird dein Sohn wohl in der Schlacht verletzt, aber mit dem Kraut rasch wieder heil werden und ganz sicher überleben!« So ist es dann auch gekommen. Die Geschichte endet mit den Worten: »Trägst du den Beinwell als Reisegesell, liegt auf all deinen Wegen Gottes Segen!« (Kiehne und Lüdtke 2018, S. 22 f.).

Eine andere Geschichte ist aus Thale überliefert, einer Stadt am Rande des Harz. Sie berichtet von einem Zwerg, der den Menschen wohlgesonnen war und ihnen heilende Kräuter bereitlegte, wenn ein Unglück bevorstand. Denn er wusste schon im Voraus, was auf die Menschen zukommen würde. Da viele Holzfäller und Flößer in der Gegend lebten, passierten nicht selten schlimme Unfälle. Manche Arbeiter baten den Zwerg deshalb zwölf Stunden vor ihrem Tagewerk um seinen Segen und um seine Hilfe, die er dann auch gewährte. Und wenn der Zwerg erahnte, dass es ganz schlimm kommen würde, dann gab er ihnen den Beinwell zur Hand (ebd., S. 23).

Räuchern mit Beinwell

Eine klassische Räucherpflanze scheint der Beinwell nicht zu sein. In der alten Literatur ist über ihn nichts zu finden, und auch nur wenig in neueren Büchern. Doch warum ist das so? Alle Teile eignen sich zum Räuchern – Wurzel, Blätter und auch die Blüten. Kraftvoll genug ist er auch. Hier ist wieder die eigene Neugier, der eigene Forschergeist gefragt.

Da das Räuchern auch auf der körperlichen Ebene wirkt, ist es naheliegend, mit dem Beinwell bei Beschwerden des Bewegungsapparats wie rheumatischen Erkrankungen, Verspannungen, Kniebeschwerden und vielem mehr zu räuchern. Dies kann sehr hilfreich sein.

Für mich entfaltet er seine Kraft jedoch deutlich stärker auf der emotionalen und der seelischen Ebene.

Auf dem Stövchen

Zum Kennenlernen einer Pflanze und ihrer Räucherwirkung benutze ich gern ein Räucherstövchen. Dabei liegt der getrocknete Pflanzenteil auf einem Sieb und wird durch ein Teelicht, das in drei bis fünf Zentimetern Abstand zum Sieb aufgestellt wird, sanft erhitzt.

Die Wirkung ist anders als mit der Räucherkohle, der Duft ist zarter und verspielter. Diese Methode ist gut für Innenräume geeignet. Es fehlt die für das Räuchern charakteristische Rauchentwicklung, die erst auf der großen Hitze der Räucherkohle und durch die Zugabe von Harzen entsteht.

Entspannend und erdend: eine Beinwellmischung auf dem Räucherstövchen.

Räuchern auf dem Stövchen

ANLEITUNG

- Beinwellwurzel in kleine Stücke schneiden und trocknen, genauso alle anderen Teile, die verräuchert werden sollen wie Blätter oder Blüten. Zum Verräuchern müssen die Pflanzenteile vollständig durchgetrocknet sein.
- Das Teelicht anzünden und etwas von dem Pflanzenmaterial auflegen. Nach einer Weile verbreitet sich ein feiner Duft. Er kann mit einer Feder oder der Hand verteilt werden.
- Wenn die Pflanzenteile beginnen, schwarz zu werden, sollten sie mit einem Stäbchen an den Rand des Räuchersiebs geschoben oder ausgetauscht werden.
- Den Vorgang wiederholen, solange das Räuchern als angenehm empfunden wird.

MISCHUNG FÜRS RAUCHERSTÖVCHEN

- 2 Teile Beinwellblätter und -wurzeln
- 1 Teil Weißdornbeeren (zerkleinert) oder Weißdornholz (Späne)
- 1 Teil Schafgarbe
- 1 Teil Mariengras

Dies ist eine stärkende und ausgleichende Räuchermischung zum »Runterkommen«, Entspannen und Krafttanken. Beinwell sorgt für das Gerüst, Weißdorn vermittelt und gleicht aus, Schafgarbe erinnert an das richtige Maß, und Mariengras tröstet und segnet.

Entspannung und Erdung

In Seminargruppen, in denen ich den Beinwell auf dem Stövchen verräuchert habe, war der erste Eindruck oft ein Gefühl von Wärme, Entspannung und Zufriedenheit. Die aufgedrehte Stimmung beruhigte sich, der Atem vertiefte sich, die Teilnehmenden waren nach dem Räuchern ausgeglichener und zufriedener. Viele fühlten sich wohlig eingehüllt und geborgen, manche auch geerdet und zentriert.

Tatsächlich kann der Beinwell beim Räuchern auf eine beruhigende und schützende Weise umhüllen, ohne einzuengen oder eine Mauer zu errichten. Manchmal stellte sich gleichzeitig ein Gefühl von Weite ein. Das ist kein Widerspruch. Aus einer sicheren Position heraus ist es möglich, den Blick zu öffnen und auf Dinge zu richten, die wir vorher nicht sehen konnten oder wollten. Mit diesem inneren Schutz ist es möglich, sich für Veränderung und Transformation zu öffnen.

Räuchern und Schreiben

Bei einem Treffen unserer Arbeitsgruppe haben wir versucht, uns dem Beinwell durch intuitives Schreiben anzunähern, das wir durch das Verräuchern von Blättern und Wurzeln auf dem Stövchen unterstützt haben. Der Duft und der feine, aufsteigende Rauch sollten helfen, sich für die Wirkung und die Botschaft der Pflanze zu öffnen. Ohne Erwartungen und ohne spezielle Frage begannen wir mit dem Experiment. Zwei Stövchen standen auf dem Tisch, vor uns lagen Stift und Block, um aufzuschreiben, zu malen oder zu zeichnen, was uns während der kleinen Räuchermeditation in den Sinn kam.

Vielleicht lag es daran, dass wir uns zuvor schon öfter gemeinsam mit dem Beinwell beschäftigt hatten – jedenfalls waren die Wahrnehmungen und Eingebungen an diesem Nachmittag sehr ähnlich.

Hier folgen ein paar kleine Eindrücke:

- »Mach dir keine Sorgen, du musst nichts erzwingen. Manchmal ist es eben so.«
- »Mach dir keine Sorgen, vertraue deiner Intuition.«
- »Alles hat seine Zeit, alles ist gut – auf zur Tat mit frohem Mut!«
- »Klarer sehen, runterkommen, eine Last wird von mir genommen.«
- »Ich richte mich auf, der Brustraum öffnet sich.«
- »Wärme, Vertrauen, Hingabe – und ein Gefühl von Schoko-Nuss-Kuchen auf dem Sofa.«

Während wir im Garten saßen, räucherten und schrieben, schoben sich Wolken vor die Sonne und ein kurzer, warmer Regen prasselte nieder. Dann kam die Sonne wieder hervor. Von unserem geschützten Platz aus konnten wir das Wechselspiel genießen – ein Gefühl fast wie in der Kindheit, wenn man ein Naturschauspiel von einer sicheren Warte aus beobachten konnte. Der Regen, die Gruppe und das Räuchern haben in diesem Moment wunderbar zusammengewirkt.

Auf der Räucherkohle wirkt die Wurzel direkter und kräftiger – allein oder als Mischung.

Auf der Kohle

Das Verräuchern der Pflanzen auf der Kohle ist kraftvoller und direkter. Es empfiehlt sich, den Beinwell zunächst allein zu verräuchern und der Wirkung von Wurzeln und Blättern nachzuspüren. Dann kann er in Mischungen, am besten zusammen mit einem Harz, verräuchert werden.

Räuchern auf der Kohle

ANLEITUNG

- Zum Räuchern mit Kohle wird ein feuerfestes Gefäß benötigt, am besten eine Räucherschale, notfalls tut es auch ein Blumenuntersetzer aus Ton. Zur Isolation etwas Sand hineingeben.
- Die Kohle entzünden und auf den Sand legen. Im Handel gibt es spezielle Räucherkohle, die sich leicht entzündet und schnell durchglimmt.
- Wenn der Funke ganz durch die Kohle gelaufen ist und sich weiße Aschestellen bilden, kann das Räuchergut aufgelegt werden.
- Sobald das Räucherwerk schwarz wird und nicht mehr gut riecht – zumeist nach einigen Minuten –, werden die verkohlten Reste mit einem Stäbchen oder Löffel zur Seite geschoben und neues Räucherwerk aufgelegt.

MISCHUNG FÜR DIE RÄUCHERKOHLE

- 1 Teil Beinwellwurzel
- 1 Teil Rosmarin
- 1 Teil Lavendel
- 1 Teil Minze
- 1 Teil weißer Copal

Diese Räuchermischung zum Auflegen auf die Kohle eignet sich, um Räume zu reinigen oder sich selbst abzuräuchern. Beinwell unterstützt Klarheit bei der Entscheidung, Rosmarin den Impuls zum Handeln, Lavendel reinigt sanft, und Minze erinnert uns ans Hier und Jetzt. Copal, ein südamerikanisches Harz, wirkt ebenfalls reinigend, es stimmt zudem optimistisch und unterstützt den klaren Blick.

Struktur und Klarheit

Während ich an diesem Buch arbeitete, gab es eine Phase, in der mein Arbeitszimmer in etwas zu versinken drohte, das man mit viel gutem Willen als »kreatives Chaos« bezeichnen könnte. Bücherstapel und Unterlagen türmten sich, dazwischen Rezepte, Beinwellzubereitungen, Räucherwerk und vieles mehr.

Eines Nachmittags legte ich Beinwellwurzeln auf die Räucherkohle und räucherte mich gründlich ab – von unten bis oben, von vorne und hinten. Dann verteilte ich noch etwas Beinwellrauch im Raum. Der Effekt war verblüffend. Fast im selben Moment veränderte sich mein Blick, ich sah das Zimmer mit anderen Augen, als hätte jemand einen Schleier fortgezogen oder eine verschmierte Scheibe blank geputzt.

Bücherstapel sind an sich nichts Schlimmes. Doch jetzt erkannte ich die Schwachstellen und sah, wo mir etwas zu entgleiten drohte. Ich sah, wo Struktur und Ordnung fehlten. Gleichzeitig drängte ein inneres Bedürfnis nach Klarheit ins Bewusstsein. Der nächste Schritt war nur logisch: Aufräumen – und die neue Übersicht genießen.

Beinwell für Tiere

Tiere und der Beinwell – das scheint eine lange und enge Verbindung zu sein. Offenbar gehört er zu den Pflanzen, die von einigen Tierarten gleichsam als »wilde Apotheke« genutzt werden. Das hat zumindest Schwester Christa von der Benediktinerinnenabtei in Fulda beobachtet. »Wenn die Tiere krank waren, haben sie gezielt den Beinwell gesucht und gefressen. Die Gänse haben, wenn sie Probleme mit den Augen hatten, ihren Kopf an der Beinwellstaude gerieben.« Schweine, Kühe, auch die kleinen Gänschen, hätten den Beinwell auch gerne zwischendurch gefressen, erzählt sie. »Die Jungtiere mussten sich zwar erst an die rauen Haare gewöhnen, aber dann ging es.«[26]

Auch Enten lieben Beinwell. Eine Entenhalterin berichtete, dass ihre Enten nach einer späten Mauser alle Beinwellblätter im Garten innerhalb weniger Tage komplett abgefressen hatten. Danach kamen auch noch die Stängel dran. Sie vermutet, dass die Tiere damit eventuell einen Mangel decken wollten.

Futter für Esel und Elefanten

Aufgrund seines hohen Nährwerts bekamen die Haustiere den Beinwell dort, wo er wuchs, ab und zu ins Futter gemischt – Ziegen, Schafe, Rinder, Schweine, Geflügel, Esel und auch Pferde. Oder man gab ihm auf dem Hofgelände einen Platz und ließ die Tiere, wenn sie Lust hatten, freiwillig davon fressen. Natürlich waren besonders die weniger stacheligen Sorten bei ihnen beliebt.

Wolf-Dieter Storl (2018, S. 39) berichtet aus den späten 1960er- und frühen 1970er-Jahren, als Beinwell in den USA als eine Art »Allheilmittel« angesehen wurde: »Alternative Landkommunen bauten die Pflanze massenweise an, verfütterten ihre Blätter an die Ziegen und kochten sie als Spinat – und wie beim echten Spinat weigerten sich die meisten Kinder, das angeblich so gesunde Grünzeug zu essen. Zoodirektoren ließen das rauhaarige Kraut an Elefanten, Büffel und andere Zootiere verfüttern.«

Diese Zeiten sind vorbei, auch wenn es in den USA nach wie vor Gegenden gibt, in denen die Farmer auf Comfrey als Tierfutter schwören, besonders die Sorten 'Bocking No. 14' und 'Bocking No. 4'. In Internetforen werden die Vor- und Nachteile der Comfrey-Arten für die verschiedenen Tiere ausführlich diskutiert, und die Menschen versuchen, einen verantwortungsvollen Umgang damit zu finden.

Auch Tiere haben Gelenkprobleme, und genauso wie beim Menschen kann auch hier der Beinwell helfen. In der Stallapotheke war er eine der wichtigsten Pflanzen bei Brüchen, Verletzungen und vielem mehr. Kräuterpfarrer Weidinger (1983, S. 63) empfahl ihn außerdem bei Rheumatismus, vor allem bei Hunden. Behandelt wurde mit Salben, Tinkturen und Breiauflagen. Beim Milchvieh trugen die Bauern die Beinwellsalbe bei Euterentzündungen auf, im Futter sollte er die Milchleistung erhöhen. Die Eierschalen der Hühner wurden kräftiger, wenn das Geflügel etwas Beinwell zu fressen bekam. Auch bei Verdauungsbeschwerden des Nutzviehs kam er zum Einsatz.

Heilt Bänder, Sehnen und Gelenke

Heute noch sind die Indikationen insgesamt ganz ähnlich wie beim Menschen: Verstauchungen, Prellungen, Verrenkungen und kleine Verletzungen werden behandelt, genauso Beschwerden mit Bändern, Sehnen und Knochen sowie rheumatische Beschwerden.

Gehen Letztere mit Entzündungen der Gelenke einher, hat sich der Beinwell in Verbindung mit Weidenrinde bewährt. Dazu werden die Tinkturen zu gleichen Anteilen gemischt, im Verhältnis 1:10 mit Wasser verdünnt und als Kompresse ein- bis zweimal täglich auf die Gelenke aufgelegt. Weidenrinde ist – wie auch der Beinwell – schmerzlindernd und zieht die Entzündung heraus.

Bruno Vonarburg berichtet von einem Apotheker, der oft beobachtet hat, wie die Bauern in seiner Gegend ihre gemästeten Schweine mit Beinwell behandelten, wenn diese sich bei ihren Sprüngen die Beine brachen. »In kurzer Zeit konnte das Tier dank der Wallwurzkompresse ohne Schiene, ohne Gips sein Bein wieder benutzen« (Vonarburg 2008, S. 243).

Bei Hunden, Katzen und anderen Tieren mit dichtem Fell eignet sich eine Tinktur oder auch eine Teeabkochung manchmal besser als eine Auflage mit geriebener Wurzel, da der Wurzelbrei stark klebt und nach einer Weile anhaftet. Deshalb sollte die Wurzelpaste auf eine Mullkompresse und nicht direkt auf die Haut gegeben und die betroffenen Stellen vorher rasiert werden.

Das Anhaften lässt sich weitgehend vermeiden, wenn die geriebene Wurzel oder das Wurzelpulver mit Wasser erwärmt und mit einem guten Löffel Honig gemischt wird. Diese Auflage lässt sich in aller Regel gut und an einem Stück wieder abziehen (siehe S. 140 f.). Auch PA-freie Beinwellsalben aus der Apotheke, zum Beispiel Kytta, haben sich sehr gut bewährt (Nadig 2018, S. 174).[27, 28]

Gegen wunde Pfoten bei Hunden empfiehlt die Tierärztin Alexandra Nadig (2018, S. 160) eine Pfotensalbe, die die Hundebesitzer aus wundheilenden Kräutern selbst herstellen können, und natürlich gehört auch Beinwell dazu. Eine wirksame Kombination für diesen Zweck ist Beinwell mit Schafgarbe, besonders im Winter, wenn die Tiere über Streusalz und Eis laufen müssen. Die Kräuter werden im heißen Öl ausgezogen und mit Bienenwachs zu einer Salbe verarbeitet (siehe S. 131).

In der Tierheilkunde dürfen Therapeuten den Beinwell aufgrund seiner Pyrrolizidinalkaloide nicht mehr auf offenen Wunden anwenden, auch wenn dies traditionell »wegen seiner guten Wundheilungseigenschaften« erfolgreich praktiziert wurde (Brendieck-Worm et al. 2021, S. 162). Auch innerlich wird Beinwell den Tieren nicht mehr gegeben.

Ich selbst habe gute Erfahrungen damit gemacht, meinem Kater bei Verletzungen einen Schluck Beinwelltee oder alle drei, vier Tage eine kleines Stückchen Wurzel, etwa halb so groß wie der kleine Fingernagel, ins Futter zu geben. Auch hier kommt es auf die Dosierung an, in dieser Menge und über einen kurzen Zeitraum verabreicht, ist keine Gefährdung zu erwarten. Im Gegenteil, der Nutzen überwiegt. Das ist allerdings meine persönliche Meinung und Erfahrung, jeder Tierhalter sollte dies für sein Tier selbst entscheiden, nachdem er sich informiert und das Für und Wider abgewogen hat.

Für die innerliche Anwendung stehen homöopathische Medikamente – Beinwell pur oder als Komplexmittel – zur Verfügung. Zur Eigenmedikation konnte bislang *Symphythum* bis D6 verwendet werden, dies ist mit Inkrafttreten des neuen Tierarzneimittelgesetzes ab Januar 2022 nicht mehr erlaubt.[29] Ein Leitsymptom für die Anwendung von Beinwell ist auch hier der stechende Schmerz. Zu den Anwendungsbereichen zählen außerdem Verletzungen des Augapfels, etwa nach einem dumpfen Schlag, oder Augapfelblutungen. Verletzungen am Auge sollte man allerdings immer ärztlich abklären lassen und nicht in Eigenregie behandeln!

Erfahrungsbericht: Beinwell hilft Kälbchen auf die Beine

»Bei unserem Bauern im Ort waren zwei Kälbchen auf die Welt gekommen. Eines war ein Frühchen, dazu noch mit einem verkrüppelten, wunden Fuß. Beim Näherkommen sah ich, dass es einen offenen Beinbruch rechts und links hatte, mit eiternden Wunden. Der Tierarzt hatte schon Antibiotika gespritzt, doch es wollte nicht heilen. Das Tier machte den Eindruck, als ob es leben wollte, es hat gefressen und ist auf seinen drei gesunden Beinen gelaufen. Es hatte anscheinend auch kein Fieber. Dennoch hätte es wohl bald eingeschläfert werden müssen. In Absprache mit dem Bauern

Dank Beinwell ist der Beinbruch des Kälbchens gut verheilt.

und dem Tierarzt habe ich zunächst die Wunden mit Ringelblumen-, Schafgarben- und Weidenrindentee gespült, dann Beinwellsalbe zusammen mit Johanniskrautöl auf eine Kompresse gegeben und einen Schlauchverband angelegt. Nach 14 Tagen war eine Seite schon fast zugewachsen, die Wunde sah blass-rosig aus, nicht mehr geschwollen oder eitrig. Es hat mehrere Wochen gedauert und es war viel Beinwell und Johanniskraut nötig, doch dann war alles gut verheilt.«

Beate Michelsky-Schlapp, Steinbach

Beinwell im Garten

Ein Garten ohne Beinwell scheint mir nicht vollständig zu sein. Nicht nur, weil seine Blätter einen guten Dünger ergeben und die Erde fruchtbar machen. Diese borstige Pflanze hat einfach Charakter. Sie ist ein Ausbund an Vitalität und Lebenskraft, und wenn man ihr einmal einen Platz im Garten eingeräumt hat, wird man sie ohnehin kaum wieder los. Darüber hinaus ist Beinwell zur Blütezeit eine Augenweide, und mit seiner Erdverbundenheit kann er, wie ich finde, ein Ruhepol zwischen vielen anderen Pflanzen sein.

Wenn er blüht, ist er in jedem Garten eine Augenweide.

Aussaat und Vermehrung

Comfrey- oder Beinwellsamen reifen oft nicht aus und keimen dann nur schlecht. Deshalb sollte man bei der Samenernte genau hinschauen. Bei den nicht ausgereiften Samen sind die verbliebenen Kelchblätter recht klein, bei den »guten« Samen sind sie deutlich größer. Die Samen können im Folgejahr schon im Februar ins Beet, sollten aber zuvor einige Wochen kühl lagern. Ist es zu warm, keimen sie möglicherweise erst im darauffolgenden Jahr.

Beinwell ist ein Dunkelkeimer, die Samenkörner müssen entsprechend mit einer dünnen Erdschicht bedeckt werden. Für die Aussaat in der Schale wird nährstoffarme Aussaaterde verwendet, die Schalen sollten anfangs ebenfalls kühl stehen und die Erde gut feucht gehalten werden. Mit etwas Glück sind dann nach zwei bis drei Wochen die ersten Spitzen zu sehen, manchmal dauert es aber auch deutlich länger. Ab Mai können die Pflänzchen ins Beet. Häufig sät sich der Beinwell im Garten selbst aus, wenn er einen guten Platz gefunden hat.

Bei eigenen Aussaatversuchen in Töpfen – gesät Ende März – keimte der erste von zwölf Samen nach vier Wochen, die nächsten drei kamen nach sechs Wochen, schließlich noch zwei nach zehn Wochen. Auf den Rest warte ich noch. Die Hälfte der Samen hatte ich gebeizt, also für etwa drei Stunden in Kamillentee eingelegt. Einen Unterschied bei der Keimung konnte ich nicht feststellen, aus beiden Gruppen keimten gleich viele Samen.

Gärtnereien vermehren die Pflanzen fast ausschließlich über Wurzelstecklinge, weil dies die einfachste und schnellste Methode ist. Der Steckling kann das ganze Jahr über gepflanzt werden, ideal ist aber der späte Oktober, damit er über den Winter gut einwachsen kann. Die Herbstpflanzen haben zumeist einen Entwicklungsvorsprung vor jenen, die im Frühjahr gesetzt werden. Die Wurzelstücke werden senkrecht in die Erde gesteckt, etwa fünf Zentimeter tief. Am besten

Am einfachsten lässt er sich vermehren, wenn man ein Wurzelstück mit Austrieb einpflanzt. Auch kleine Stückchen treiben zuverlässig aus.

SEITE 184
←← Beinwellsamen werden gern von Ameisen verschleppt, so gelangt er auch an entlegene Stellen.
← Im Töpfchen keimt er nach drei bis vier Wochen.

nimmt man dazu das Kopfstück einer Wurzel, das schon einen Blattansatz zeigt. Dann kann man davon ausgehen, dass die Pflanze bereits im ersten Jahr gut anwächst.

Gießt man die Pflanze ausreichend an, sind schon nach kurzer Zeit die ersten grünen Spitzen zu sehen. Bis sich der Wurzelstock entwickelt hat und in die Tiefe geht, muss der Boden feucht gehalten werden. Es hilft der jungen Pflanze, wenn sie im ersten Jahr nicht beerntet wird. Die alten Blätter im Herbst kann man einfach im Beet verwelken lassen.

Standort

Meist ist es nicht der Wilde Beinwell, sondern der Comfrey mit seinen verschiedenen Arten und Unterarten, der den Weg in den Garten findet. Während die Wildform niedriger bleibt und weniger starke Horste bildet, wird Comfrey bis zu zwei Meter hoch und in der Breite so ausladend, dass man ihn nicht mehr mit beiden Armen umfassen kann. Dies sollte man bei der Standortwahl bedenken.

Idealerweise ist der Standort feucht und tiefgründig und die Erde nährstoffreich, am besten in der Sonne oder im Halbschatten. Ein sonniger Standort begünstigt die Blütenbildung. Doch auch mit weniger guten Böden kommt er zurecht. Manche Comfrey-Sorten wurzeln mehrere Meter tief, sodass sie sich auch auf trockenem Boden mit Wasser versorgen können. Eine Pflanze kann 20 bis 30 Jahre alt werden, dem Beinwellforscher Hills zufolge sogar bis zu 40 Jahre.

Erfahrungsbericht: Beinwell gedeiht auch am trockenen Standort

Fast jedes Mal, wenn ich in einem Seminar erwähne, dass es der Beinwell feucht und nährstoffreich mag, sagt jemand: »Bei mir ist es aber total trocken, und der Beinwell wächst trotzdem.« Das kann ich nachvollziehen, weil ich es selbst schon erlebt habe. In meinem Garten hatte sich das Licht verändert, weil der Nachbar einige Bäume entfernt hatte. Das ehemals feuchte Halbschattenbeet lag nun in der prallen Sonne und trocknete im Sommer aus. Also grub ich den Beinwell, den ich dort gesetzt hatte, gründlich aus und legte ein mediterranes Beet mit wärmeliebenden Pflanzen an. Doch im nächsten Jahr war er wieder da, kämpfte sich zwischen Thymian, Immortelle und dem Ligurischen Beifuß ans Licht. Das passierte im Folgejahr wieder. Na gut, dachte ich schließlich. Wenn er so flexibel ist, sollte ich es wohl auch sein.

Insektenbesuch

Hummeln und Bienen lieben den Beinwell. Sie umschwirren ihn, sobald sich die ersten Blüten öffnen, und kommen bis zum Herbst. Für die seltene Beinwell-Sandbiene (*Andrena symphyti*) ist er überlebenswichtig. Sie ernährt sich fast ausschließlich von Wildem und Knoten-Beinwell, der hauptsächlich in den Wäldern zu Hause ist.[30] Auf einem Demeterhof in meiner Nähe werden an den Kopf jeder Obstbaumreihe Pflanzen gesetzt, um Hummeln und Bienen anzuziehen. Neben Rosen gehört auch der Beinwell dazu. Große, üppige Stauden sitzen bei den Apfelbäumen und beim Beerenobst und locken die Bestäuber auf den richtigen Weg.

Eine große Beinwellstaude am Kopf einer Obstbaumreihe soll die Bestäuber anlocken.

SEITE 187
↑← Die Beinwell-Gitterwanze beißt Löcher in Knospen und Blüten.
↑→ An ihrer Rückenzeichnung ist sie leicht zu erkennen.
↓← Kleine Löcher in den Beinwellblättern deuten auf Erdflöhe hin.
↓→ Sie vermehren sich schnell und können recht gefräßig sein.

Die Beinwell-Gitterwanze (*Dictyla humuli*) ist eine der wenigen Insektenarten, die dem Beinwell schaden kann. Sie heftet sich an Blattunterseiten, Knospen und Blüten, beißt kleine Löcher hinein und saugt den Saft aus. Erkennbar ist dies an kleinen, hellen Flecken rund um die Bissstelle. Im Mai und Juni legt das Weibchen seine Eier in den Stielen und Blattnerven des Beinwells ab, im Juni schlüpfen die Larven. Anfang August sind die Wanzen voll entwickelt. Im Oktober kann noch eine zweite Generation heranwachsen (Spohn und Spohn 2020, S. 170).

Auch Erdflöhe (*Psylliodes*) suchen den Beinwell gerne heim. Diese Insekten gehören zu den Blattkäfern, sind jedoch mit großer Sprungkraft ausgestattet. Sie werden zwei bis drei Millimeter groß und sind dunkelbraun bis schwarz. Ab April – wenn es warm ist, auch schon früher – hinterlassen sie eine Vielzahl kleiner Löcher in den Blättern. Das schadet der Pflanze nicht. Wer den Beinwell jedoch in der Küche verwenden möchte, wird den Anblick nicht mögen.

Eigentlich bevorzugen die Erdflöhe Kreuzblütler und vor allem Kohlarten, doch sie nehmen auch mit Borretsch und Beinwell vorlieb, wenn nichts anderes verfügbar ist. Im Mai legen die Weibchen ihre Eier in die Erde, wo sich die Larven entwickeln. Ab Juni können weitere Generationen folgen. Bei einem Befall hilft es, den Boden gut feucht zu halten und regelmäßig zu lockern, zu hacken oder gut zu mulchen. Auch Gesteinsmehl, mit dem die Blätter bestäubt werden, macht ihnen das Leben schwer. Genauso hilft es, die Blätter ab und zu mit Wasser zu besprühen, dem ein paar Tropfen ätherisches Öl (Lavendel, Fenchel, Teebaum) beigegeben wurden.

Gartendünger aus Comfrey-Blättern

Als Gartendünger können alle Beinwell- oder Comfrey-Arten verwendet werden. Comfrey eignet sich etwas besser, da er wüchsiger ist und häufiger geschnitten werden kann. Er enthält viel Eiweiß und Stickstoff, außerdem Mineralien, vor allem Kalium und Spurenelemente. Diese Kombination macht ihn als Dünger so wertvoll. Starkzehrer wie Tomaten und Kohl profitieren davon, sein hoher Kaliumgehalt tut vor allem den Kartoffeln gut.

»Seine Wurzeln erreichen die Tiefe kleiner Bäume, ein Comfrey-Beet ist eine Mineralienmine für Pflanzen«, schreibt Hills (1976/2008, S. 157), der Beinwellforscher aus England. Das ist ein Grund, warum die Pflanze auch aus der Permakultur nicht wegzudenken ist: Die Beinwellwurzeln brechen verdichteten Boden auf und holen wertvolle Mineralien aus der Tiefe nach oben, wo sie dann auch anderen Pflanzen zur Verfügung stehen.

Comfrey kann vier- bis fünfmal im Jahr beerntet werden. Man schneidet die Blätter, wenn die ersten Blütenstängel austreiben. Das regt das Blattwachstum zusätzlich an. Mit den zerkleinerten Blättern lässt sich eine Jauche ansetzen. Sie können zudem als Kompost oder zum Mulchen verwendet werden. Nach September sollte man ihn möglichst nicht mehr schneiden, damit die Pflanze noch genügend Nährstoffe in der Wurzel einlagern kann. Die restlichen Blätter dürfen im Beet verwelken, sie sind im Winter und Frühjahr ein Kälteschutz für den neuen Austrieb.

Die Düngerversuche von Lawrence D. Hills

Die Erfolge, die Hills mit Comfrey hatte, lassen Gärtner heute noch vor Neid erblassen. So konnte er 1956 nachweisen, dass eine Comfrey-Düngung den Kartoffelertrag erheblich steigert und den Geschmack verbessert. Im Vergleich zu ungedüngten Feldern konnte er den Ertrag sogar verdoppeln. Dabei verwendete er Comfrey als eine Art »Instantkompost«: Er ließ frisch geschnittene und zerkleinerte Blätter und Stängel über Nacht welken und schichtete sie vor dem Legen der Kartoffeln in die Furchen.

Gartenabfälle haben nach der Kompostierung ein Kohlenstoff-Stickstoff-Verhältnis von etwa 10 : 1. Comfrey jedoch hat so wenig Fasern und so viel Eiweiß, dass das Kohlenstoff-Stickstoff-Verhältnis schon vor dem Kompostieren bei 14 : 1 liegt. »Er ist Kompost, schon bevor er kompostiert wird«, schreibt Hills (1976/2008, S. 157).

Seine Versuche führte er hauptsächlich mit der Sorte 'Bocking No. 14' durch. Sie hat schmale und zarte Stängel, die schnell welken. Hills ließ die Inhaltsstoffe analysieren: Danach enthielten die welken Blätter mehr als doppelt so viel Kalium wie guter Dung vom Bauernhof und über 30 Prozent mehr Kalium als normaler Kompost. Der Nachteil: Durch den geringen Faseranteil entsteht am Ende entsprechend weniger Humus.

Noch einige Tipps aus seiner Forschungsarbeit: Kartoffeln müssen schon früh die erste Comfrey-Gabe bekommen. Dazu kann getrockneter Comfrey vom Vorjahr, der im September geschnitten wurde, verwendet werden. Hohen Ertrag verspricht zudem eine Mischung aus Kompost und Comfrey-Blättern. Auch bei Zwiebeln wirkt Comfrey besser als Kompost, besser als Kunstdünger sowieso. Bohnen profitieren ebenfalls von ihm.

Anders die Tomaten: Sie gedeihen besser mit einem Flüssigdünger aus Comfrey, denn dessen Blätter sind zu derb für die zarten Tomatenwurzeln. Alternativ kann man mit zerkleinerten Comfrey-Blättern oberflächlich die Erde mulchen. Ähnlich sieht es bei der Stachelbeere aus: Ihr gibt man den ganzen Sommer über welke Comfrey-Blätter schichtweise als Mulch, darüber kommt eine Schicht Grasschnitt. Auch anderes Beerenobst lässt sich so mit Nährstoffen versorgen.

← Ein idealer Dünger für Starkzehrer: Beinwell- oder Comfreyblätter über Nacht antrocknen lassen, zerkleinern ...
↓ ... und zu den Kartoffeln ins Beet geben.

Comfrey-Jauche ansetzen

In einer Jauche sind die wichtigsten Nährstoffe schon gelöst und stehen den Pflanzen schnell zur Verfügung. Eine gute Comfrey-Jauche düngt und kräftigt die Pflanzen, besonders Kohlarten, Sellerie und Tomaten. Neben Stickstoff, Kalium, Phosphor und Kieselsäure enthält sie Schleimstoffe, die den Mikroorganismen im Boden guttun.

Herstellung: Frische oder getrocknete Blätter und Stiele werden grob zerkleinert und locker in eine Tonne oder einen großen Eimer geschichtet, bis das Gefäß etwa zu drei Viertel gefüllt ist. Auf zehn Liter Wasser gibt man ein Kilo frische oder 100 bis 200 Gramm getrocknete Pflanzen. Zum Ansetzen darf man kein Metallgefäß nehmen, da die Jauche das Material angreifen kann.

Der Behälter wird nun mit kaltem Wasser, am besten Regenwasser, aufgefüllt. Eine Hand breit unter dem Rand freilassen, damit bei der Gärung nichts überläuft. Am besten abdecken, sodass keine Tiere hineinfallen können, den Deckel jedoch nicht fest verschließen, sondern zur Belüftung locker auf einen Holzstab auflegen. Als Standort sucht man eine halbschattige Stelle, möglichst weit von Nachbarn entfernt. Beinwelljauche »duftet« intensiv, dagegen hilft etwas Gesteinsmehl, das auf die Oberfläche der Flüssigkeit gestreut wird.

Jetzt wird die Flüssigkeit jeden Tag ein- bis zweimal umgerührt, damit Sauerstoff hineinkommt. Nach einer Weile setzt die Gärung ein, Blasen steigen nach oben. Nach einer guten Woche, wenn keine Blasen mehr aufsteigen und nichts mehr schäumt, ist die Jauche fertig. Sie wird abgeseiht und darf nur verdünnt verwendet werden. Reine Jauche ist so konzentriert, dass sie Wurzeln und Blätter regelrecht verbrennen würde. Die abgeseihten Pflanzenreste können als Mulch und Gründünger unter bedürftigen Pflanzen im Garten ausgebracht werden. Die fertige Jauche behält ihre Wirkkraft über mehrere Jahre.

Gute Kennerinnen des Beinwells und seiner Verarbeitung sind die Schwestern der Bendiktinerinnenabtei zur Hl. Maria in Fulda (Hessen). Seit über einem halben Jahrhundert bewirtschaften sie ihren Klostergarten biologisch und haben dabei einen reichen Erfahrungsschatz mit Beinwell gesammelt, den sie in ihren Schriften und bei Führungen weitergeben. Sie schwören auf Comfrey-Dünger und -Jauche, »weil er, im Gegensatz zu manchen anderen Pflanzen, einen ganz ausgewogenen Mineralstoff- und Nährstoffhaushalt hat«, sagt Schwester Christa, die in der Abtei für den Garten zuständig ist. So könne er für die verschiedensten Pflanzen eingesetzt werden. Ein Tipp aus ihrer Broschüre «Comfrey – was ist das?«: Mit der übrig gebliebenen Jauche vom Vorjahr können im Frühjahr die Setzlinge angegossen werden.[31]

Verdünnung: Normalerweise wird die Jauche mit Wasser im Verhältnis von 1:20 verdünnt, bei trockenem Boden sollte sie noch stärker verdünnt sein. Das reicht für Pflanzen mit einem mittleren Nährstoffbedarf.

Starkzehrer wie Kartoffeln, Tomaten, aber ebenso Kohl oder Sellerie, vertragen etwas mehr. Ihnen gibt man einmal in der Woche eine 1:10 verdünnte Jauche. Generell gilt, dass nur bei bedecktem Himmel und nur auf den Boden gegossen wird, nicht direkt über die Pflanzen.

Will man die Jauche als Blattdünger nutzen, zum Beispiel für Beerenobst, wird sie im Verhältnis 1:50 verdünnt und direkt auf die Blätter aufgesprüht. Das stärkt und kräftig die Blätter und hält Pilze und pflanzenfressende Insekten fern.

Die Benediktinerinnen haben auch eine Lösung für Stadt- oder Balkongärtner, die auf ihre Nachbarn Rücksicht nehmen müssen: Sie heißt **Beinwellbrühe und -tee.** Für die Brühe werden Comfrey-Blätter 20 bis 30 Minuten gekocht, für den Tee heiß aufgegossen. Nach dem Abseihen und Abkühlen sind beide Varianten ohne Geruchsbelästigung sofort als Pflanzendünger einsetzbar.

Daneben lässt sich der Kompost mit der Jauche anfeuchten. Manche Gärtner verwenden sie als **Kompoststarter,** indem sie den Haufen damit impfen. Dazu wird ein Stab mehrfach in den Kompost gesteckt, wieder herausgezogen und dann etwas Brühe vorsichtig in die Löcher gegeben. Man kann aber auch gleich beim Anlegen des Komposthaufens etwas geschnittenen Comfrey zugeben.

Wachstumshelfer für Stecklinge und Baumbast

Den frischen Presssaft aus der Beinwellwurzel und den -blättern verwenden Gärtner als natürliches Bewurzelungshormon für Kräuterstecklinge. Das ist einleuchtend, da das Allantoin die Zellteilung und damit das Wachstum fördert. Der vorbereitete Steckling wird dazu mit dem frischen Saft benetzt und dann in die Erde gesteckt.

Vielleicht klingt es etwas ungewöhnlich, aber auch bei Wühlmausschäden an jungen Obstbäumen lohnt sich ein Versuch mit Beinwellauflagen. Meist fressen die Mäuse an den Wurzeln, mitunter nagen sie allerdings die Rinde an, was den jungen Bäumen schweren Schaden zufügen kann. Als Erste Hilfe trägt man Beinwellsaft auf die kahlen Stellen auf. Danach macht man einen Umschlag mit etwas angepressten Beinwellblättern und erneuert diesen nach ein bis zwei Tagen. Wenn die Bäume noch gut verwurzelt sind, besteht die Chance, dass sie rasch neues Zellgewebe bilden und den Mäuseangriff überleben. Was der Beinwell bei uns kann, schafft er eben auch im Garten.

Nährstoffe für den Nährstofflieferanten

So viel Gutes tut diese Pflanze dem Garten – doch was braucht der Comfrey selbst, damit es ihm gut geht? Normalerweise nicht viel, denn er holt sich seine Nährstoffe und Wasser aus der Tiefe des Bodens. Nutzt man ihn jedoch intensiv und schneidet ihn mehrmals im Jahr, dann ist auch er für eine Unterstützung dankbar.

Um noch einmal Hills zu zitieren: Sauber halten, schneiden, düngen – das sind die drei Geheimnisse des Comfrey-Anbaus.

Bei Letzterem ist der Comfrey nicht allzu wählerisch, und wo andere Pflanzen schlapp machen – er schafft es: Geflügelkot oder Schweinedung direkt aus dem Stall, einfach zwischen den Beinwellpflanzen verteilt, tun ihre Wirkung. Dagegen sei reiner Kompost fast Verschwendung, findet Hills, denn der könne nicht genug Stickstoff liefern, damit der Comfrey-Ertrag wirklich gut wird. Chemischer Stickstoffdünger ist seiner Erfahrung nach die schlechteste Lösung.

Für eingefleischte Gärtner hat der Engländer noch einen Geheimtipp, er heißt Household Liquid Activator (H.L.A), auf Deutsch: flüssiger Haushaltsaktivator (Hills 1976/2008, S. 163). Gemeint ist eine Mischung aus zwei Teilen Wasser und einem Teil Urin. Sie enthält Kalium und Stickstoff genau im richtigen Verhältnis. Manche Gärtner schwören darauf.

Nachweise

Anmerkungen

1 Einen sehr guten Einstieg in das Thema geben Katharina Englert, Johannes Gottfried Mayer und Christiane Staiger (2005) in ihrem Artikel »Symphytum officinale L. – der Beinwell in der europäischen Pharmazie- und Medizingeschichte«.

2 Die Geschichte einiger dieser Frauen hat Susanne Fischer-Rizzi mit einigen ihrer Schülerinnen erforscht. Die Ergebnisse sind in der Wanderausstellung »Opus mulierum – Die vergessene Kunst der Frauen« zu sehen.

3 http://plantsoftheworldonline.org/ und https://www.ipni.org (International Plant Names Index), Abruf: 22.09.2021.

4 Zitat aus einem Gespräch mit der Autorin.

5 http://www.blumeninschwaben.de, Abruf: 23.09.2021.

6 https://www.wildbienen.info/forschung/beobachtung20210516.php, Abruf: 23.09.2021.

7 Auskunft von Dr. Helmut Wiedenfeld auf eine Rechercheanfrage.

8 Schlebusch, Scheiner und Wendling (1989, S. 18) weisen allerdings darauf hin, dass sowohl im afghanischen Mehl als auch im indischen Brot »nicht nur Pyrrolizidinalkaloide, sondern auch hoch lebertoxisches Schimmelpilzgift (Aflatoxin) und Hepatitis-B-Viren gefunden« wurden.

9 Die EFSA definiert den MOE so: »Der Margin of Exposure (MOE) ist ein von Risikobewertern verwendetes Instrument zur Abwägung möglicher Sicherheitsbedenken in Bezug auf in Lebens- und Futtermitteln vorkommende Substanzen, die sowohl genotoxisch (d. h. sie können die DNA schädigen) als auch kanzerogen (Krebs erzeugend) sind. Beim MOE (manchmal als ›Sicherheitsabstand‹ bezeichnet) handelt es sich um das Verhältnis zweier Faktoren: der Dosis, bei der erstmals eine kleine, jedoch messbare schädliche Wirkung beobachtet wird, und dem Expositionsniveau gegenüber der betrachteten Substanz für eine gegebene Population.«
Quelle: https://www.efsa.europa.eu/de/topics/topic/margin-exposure, Abruf: 22.09.2021.

10 Die EFSA bewertet Auswirkungen von Pyrrolizidinalkaloiden in Lebens- und Futtermitteln auf die Gesundheit, 8. November 2011, Fußnote, https://www.efsa.europa.eu/de/press/news/efsa-assesses-health-impacts-pyrrolizidine-alkaloids-food, Abruf: 10.09.2021.

11 Es gibt einige wenige Veröffentlichungen, denen zufolge in Beinwell Lasiocarpin gefunden wurde. Laut der amerikanischen Wissenschaftlerin Dorena Rode sind solche Funde mittels Dünnschichtchromatografie zustande gekommen, haben sich jedoch bei späteren Analysen mit besseren Methoden nicht bestätigt. Ich habe bis Redaktionsschluss versucht, diese Frage abschließend zu klären. Entscheidend für mich war am Ende die Aussage von Dr. Helmut Wiedenfeld, dass im Beinwell kein Lasiocarpin vorkommt. Wiedenfeld war lange Zeit am Institut für Pharmakologie und Toxikologie der Universität Bonn tätig und ist ein ausgewiesener Experte auf diesem Gebiet.

12 In der 9. Auflage ihres Buches beschreiben Weiß und Fintelmann (1999, S. 338) dies noch etwas ausführlicher: »In Ostpreußen diente es auch als Gemüse für den Menschen (›Komfrey-Esser‹) [...]. Durch die Komfrey-Esser existieren große Gruppen, die über lange Zeit dem vermeintlichen Risiko der karzinogenen Potenz von Symphytum ausgesetzt waren. Interessanterweise sind epidemiologisch bisher keine Daten bekannt, dass das Risiko, an Krebs zu erkranken, bei Komfrey-Essern oder mit Komfrey gefütterten Tieren größer sei als bei sogenannten Normalpersonen.«

13 In ihrem Lehrgang führt Gabriela Nedoma unter anderem in die Elementenlehre der Hildegard von Bingen ein, die sich in einigen Punkten deutlich von der anderer Vertreter dieser Lehre unterscheidet.

14 Es ist eine Pflanzenbetrachtung, die sie nach Johann Wolfgang von Goethe entwickelt hat und die Teil ihrer Ausbildungskurse ist.

15 Schulz bezieht sich auf die Studie von Grube, B. et al.: Efficiacy of a comfrey root (Symphyti offic, radix) extract ointment in the treatment of patients with painful osteoarthritis of the knee. Phytomedicine 2007; 14: 2–10. Ruhe- und Bewegungsschmerz minderten sich durch die Beinwellsalbe deutlich, die Lebensqualität stieg.

16 Das Zitat stammt aus einem Gespräch mit der Autorin und Heilpraktikerin Doris Grappendorf.

17 https://www.ema.europa.eu/en/use-herbal-medicinal-products-containing-toxic-unsaturated-pyrrolizidine-alkaloids-pas#current-version-section, Abruf: 16.12.2021.

18 Quelle: Video auf der Webseite des Herstellers Harras-Pharma, https://www.harraspharma.de/, Abruf: 23.09.2021.

19 Produktinformation Kytta Schmerzsalbe, Creme, Stand: Oktober 2020.

20 Eine gute Methode ist es auch, sich an den Aussaattagen von Maria Thun zu orientieren und die Wurzeln an den Wurzeltagen zu ernten, die Blätter an den Blatt- und die Blüten am Blütentag. Ausnahme: Blätter zum Aufbewahren oder für einen Ölauszug werden immer am Blatt- oder Blütentag geerntet.

21 Sehr eindrücklich vermittelt dies Gabriela Nedoma in ihrem Lehrgang »Heilkräuter-Praktiker nach Hildegard von Bingen«.

22 Susun Weed erklärt die Methode in zwei Youtube-Videos,
Teil 1: https://www.youtube.com/watch?v=TRenHn7Krz0,
Teil 2: https://www.youtube.com/watch?v=GoIDyguDdbY, Abruf: 29.08.2021.

23 Diesen Tipp habe ich vor einigen Jahren von der Kräuterkundigen Christine Pommerer vom Wasenhof bekommen. Seitdem ernte ich die Pflanzen für Ölauszüge generell an Blüten- und Blatttagen. Ich finde, es lohnt sich.

24 Eine schöne Darstellung des Vorgangs kann man mit S. Fischer-Rizzi auf Youtube anschauen: https://www.youtube.com/watch?v=viaC-fsrq8o, Abruf: 23.09.2021.

25 Aber es gibt Ausnahmen: So findet sich ein Beinwellmärchen in Folke Tegethoffs Buch »Neue Kräutermärchen«, zwei weitere Märchen hat Ursula Bertsch in »Wilma Walnuss und andere Heilpflanzenmärchen« sowie in »Großmutter Feuerbohne und andere Obst- und Gemüsemärchen« veröffentlicht.

26 Aus einem Gespräch mit Schwester Christa von der Benediktinerinnenabtei zur Hl. Maria (Fulda).

27 Die Tierärztin Dr. A. Nadig weist darauf hin, dass Kytta sehr gut hilft, aber bei vielen Hunden zu lokalem, vorübergehendem Fellverlust geführt hat.

28 Ihre Anwendung könnte in Zukunft allerdings schwieriger werden, denn Ende Januar 2022 tritt in Deutschland das neue Tierarzneimittelrecht in Kraft, wonach es Tierhaltern nicht mehr erlaubt ist, nicht verschreibungspflichtige Heilmittel (wie Kytta oder Traumaplant Schmerzcreme) für ihr Tier zu verwenden, wenn diese Mittel nicht ausdrücklich für Tiere zugelassen und registriert sind oder aber von einem Tierarzt verschrieben wurden. Auch Tierheilpraktiker dürfen diese Mittel nicht mehr verordnen.

29 Auch homöopathische oder spagyrische Mittel fallen unter die oben beschriebene Regelung. Ein Verstoß gilt als Ordnungswidrigkeit. Es ist damit zu rechnen, dass bei diesem Gesetz noch nachgebessert wird. Nach Auskunft des Verbands freier Tierheilpraktiker lagen bereits vor Inkrafttreten des Gesetzes vier Verfassungsbeschwerden dagegen vor.

30 https://www.wildbienenwelt.de/Wildbienen-bestimmen/Wildbienen-Finder/article-6515643-190818/andrena-symphyti-.html, Abruf: 23.09.2021.

31 Die kleine Broschüre «Comfrey – was ist das?« der Schwestern der Bendiktinerinnenabtei zur Hl. Maria ist ein Klassiker unter Gartenfreunden.

Bildnachweis

Fotos: Regine Ebert; Heike Blanck: S. 55, 114 (oben links); Lasse Christiansen: S. 21; Melanie Detjen: S. 171; Nicole Giegerich-Ritthaler: 16 (oben rechts und unten), 113 (oben und rechts unten), 115, 118, 128, 131, 161, 162, 189; Doris Grappendorf: S. 111; Ralf Hohlung: S. 10, 19, 20, 22 (links), 39 (oben und rechts unten), 41, 42, 43, 44, 45 (rechts), 77, 78, 114 (unten), 138, 140, 144, 167, 169, 175, 177, 183, 187 (unten links und unten rechts); iStock.com/LianeM: S. 12/13; iStock.com/OlgaP: S. 104/105; Ulla Kutzner: S. 125; Stefan Lefnaer: S. 50; Beate Michelsky-Schlapp: S. 182; Johanna Pfeiffer: S. 150; Kurt Schmidlin: S. 113 (unten links), 163, 165; Barbara Sickenberger-Müller: S. 35, 170

Die Fotos auf den Seiten 37, 38, 40 (oben), 49 wurden mit freundlicher Genehmigung im Botanischen Garten Frankfurt am Main aufgenommen.

Illustrationen: S. 18: Schmeil, O., Lehrbuch der Botanik für höhere Lehranstalten und die Hand des Lehrers, Stuttgart: E. Nägele, 1903, Tafel 18.
Im Internet: https://www.biodiversitylibrary.org/item/66688#page/179/mode/1up (20.12.2021)
S. 27: Pseudo-Galen, Anatomia, in English. Wellcome Collection. Public Domain Mark.
Im Internet: https://wellcomecollection.org/works/kn8vwcwq/items?canvas=77 (17.12.2021)
S. 30: Titelbild. Büchlein von den ausgebrannten Wässern. Ulm 1498.
Im Internet: https://commons.wikimedia.org/wiki/File:Titelbild._B%C3%BCchlein_von_den_ausgebrannten_W%C3%A4ssern._Ulm_1498_a.jpg (17.12.2021)
S. 46: Curtis's Botanical Magazine, Vol. CV, 1879, Tab. 6466 (Illustration).
Im Internet: https://www.biodiversitylibrary.org/item/14233#page/192/mode/1up (17.12.2021)

Literatur

Bücher

Abtei St. Hildegard (Hrsg.): Hildegard von Bingen Werke, Bd. V. Physica: Heilsame Schöpfung – Die natürliche Wirkkraft der Dinge. Eibingen: Beuroner Kunstverlag, 2020

Bächtold-Stäubli, H. (Hrsg.): Handwörterbuch des deutschen Aberglaubens (Nachdruck der Originalausgabe, Berlin und Leipzig, 1927–1942). Augsburg: Weltbild, 2008

Berger, J.: Das magische Heilkräuterjahr. München: Droemer/Knaur, 2000

Blaschek, W.: Wichtl – Teedrogen und Phytopharmaka. 6. Aufl. Stuttgart: Wissenschaftliche Verlagsgesellschaft, 2016

Bock, H.: Kreutterbuch (Neudruck der Ausgabe von 1577). Grünwald: Kölbl, 1964

Brendieck-Worm, C., Klarer, F., Stöger, E.: Heilende Kräuter für Tiere: Pflanzliche Hausmittel für Heim- und Nutztiere. 3. Aufl. Bern: Haupt 2021

Brooke, E.: Von Salbei, Klee und Löwenzahn. Freiburg: Bauer, 1996

Bühring, U.: Alles über Heilpflanzen. 5. Aufl. Stuttgart: Ulmer, 2020

Bühring, U.: Praxis-Lehrbuch Heilpflanzenkunde. 4. Aufl. Stuttgart: Haug, 2014

Bühring, U., Ell-Beiser, H., Girsch, M.: Heilpflanzen für Kinder. Stuttgart: Ulmer, 2015

Benediktinerinnenabtei zur Hl. Maria (Hrsg.): Comfrey – Was ist das? Unsere Kleine Reihe Nr. 8. Fulda: Eigenverlag, o. J.

Couplan, F.: Wildpflanzen für die Küche. Aarau: AT Verlag, 2011

Dinand, A. P.: Handbuch der Heilpflanzenkunde. Esslingen, München: J. F. Schreiber, 1926

Duke, J. A.: Die Grüne Apotheke. Rotolito, Lombarda: Rodale, 1997

Dumaine, J.-M.: Kochen mit Wildpflanzen. Aarau: AT Verlag, 2008

Edwards, L.: The Vortex of Life. Edinburgh: Floris Books, 2006

Fintelmann, V., Weiss, R. F., Kuchta, K. Lehrbuch Phytotherapie. 13. Aufl. Stuttgart: Haug, 2017

Fischer-Rizzi, S.: Das große Buch der Pflanzenwässer. Aarau: AT Verlag, 2020

Fischer-Rizzi, S.: Medizin der Erde. Aarau: AT Verlag, 2021

Flamm, S., Kroeber, L., Seel, H.: Die Heilkraft der Pflanzen. 7. Aufl. Stuttgart: Marquardt, 1949

Fort, W., Klimmek, R.: Toxisch oder kanzerogen. Bad Boll: Natur Mensch Medizin Verlags GmbH, 1991

Fuchs, L.: New Kreuterbuch (1543), Nachdruck. Köln: Taschen, 2017

Gladstar, R.: Herbal Healing for Women. New York: Atria Books, 2020

Grappendorf, D.: Bei einer Kräuterfrau in der Lehre. Feldatal: Eschehaus-Verlag, 2013

Heimat- und Kulturverein Lorsch: Das Lorscher Arzneibuch. Lorsch: Eigenverlag, 1990

Hills, L. D.: Comfrey – Past, Present and Future (Nachdruck der Originalausgabe von 1976). London: Faber Finds, 2008
Kiehne, C., Lüdtke, J.: Kräutersagen aus dem Harz. Bad Suderode: Selbstverlag Sagenhafter Harz, 2018
Koch, Y. H., Stumpf, U.: Pflanzenastrologie: Heilung durch Pflanzen und Planeten. 2. Aufl. Engerwitzdorf/Mittertreffling: Freya, 2019
Kothmann, H.: Beinwell – Wirkungsgeschichte und Bedeutungswandel einer Heilpflanze. Hamburg: Dr. Kovac, 2003
Kölbl, K.: Kölbl's Kräuterfibel. Grünwald: Kölbl, 1961
Kühne, P.: Vitamine. Wirkstoffe des Lebendigen. Bad Vilbel: Arbeitskreis für Ernährungsforschung, 2015
Künzle, J.: Das große Kräuterheilbuch (Nachdruck der Erstausgabe von 1945). Düsseldorf: Patmos, 2006
Küster, G.: Kriegsgemüse-Kochbuch (Neuausgabe des Originals, Berlin 1917). Brackenheim: Carlesso, 2018
Lüder, R., Lüder, F.: Wildpflanzen zum Genießen. 3. Aufl. Neustadt: kreativpinsel, 2017
Mabey, R.: Das neue BLV Buch der Kräuter. München: BLV, 1995
Madejsky, M.: Lexikon der Frauenkräuter. 8. Aufl. Aarau: AT Verlag, 2021
Malm, L.: Die Kräuter-Liesel. München, Bassermann Inspiration, 2013
Mayer, J. G., Uehleke, B., Saum, K.: Handbuch der Klosterheilkunde. München: Zabert Sandmann, 2002

Müller, F.: Das große illustrierte Kräuterbuch. 10. Aufl. Ulm: Eb'nersche Verlagsbuchhandlung, 1937 (Neuausgabe des Originals von 1886)
Müller, K. M.: Pestpflanzen: Heilkräuter wider den Schwarzen Tod. Freiburg: Lavori, 2005
Nadig, A.: Heilpflanzen für Hunde. Stuttgart: Franckh Kosmos, 2018
Nedoma, G.: Skript zum Lehrgang »Heilkräuter-Praktiker nach Hildegard von Bingen«, 2020.
Pawlik, M. (Hrsg.): Hl. Hildegard, Heilwissen. Augsburg: Pattloch, 1990
Raimann, C.: Heilpflanzensignaturen. Stuttgart: Haug, 2019
Schlebusch, K. P., Scheiner, H.-C., Wendling, P.: Die Vernichtung der Biologischen Medizin. München: Heyne, 1989
Schloss, L.: Comfrey – Wiedergeburt einer Heilpflanze. 3. Aufl. Bergen/Chiemgau: Eigenverlag, 1979
Spohn, M., Spohn, R.: Blumen und ihre Bewohner. 2. Aufl. Bern: Haupt, 2020
Stadelmann, I.: Die Hebammensprechstunde. Wiggensbach: Stadelmann, 2020
Storl, W.-D.: Mit Pflanzen verbunden. Stuttgart: Nymphenburger, 2018
Tabernaemontanus, J. T.: Neu vollkommen Kräuter-Buch (1731, Nachdruck). Grünwald: Kölbl-Verlag, 1982
Vonarburg, B.: Natürlich gesund mit Heilpflanzen. Augsburg: Weltbild, 2008
Weidinger, H.-J.: Heilkräuter – anbauen, sammeln, nützen, schützen. Wien/Heidelberg, 1983
Weiß, R. F., Fintelmann, V.: Lehrbuch der Phytotherapie. 9. Aufl. Stuttgart: Hippokrates, 1999
Willfort, R.: Gesundheit durch Heilkräuter. Linz: Rudolf Trauner, 1979

Artikel und Studien

Avila, C., Breakspear, I., Hawrelak J. et al.: A systematic review and quality assessment of case reports of adverse events for borage (*Borago officinalis*), coltsfoot (*Tussilago farfara*) and comfrey (*Symphytum officinale*). Fitoterapia 2020; 142(6): 104519, Im Internet: https://www.sciencedirect.com/science/article/pii/S0367326X20301015, 22.09.2021

Barna, M., Kucera, A., Hladícova, M. et al.: Wound healing effects of a Symphytum herb extract cream (*Symphytum* × *uplandicum* Nyman). Wiener Medizinische Wochenschrift 2007; 157(21–22): 569–574

Bundesinstitut für Risikobewertung (BfR): Aktualisierte Risikobewertung zu Gehalten an 1,2-ungesättigten Pyrrolizidinalkaloiden (PA) in Lebensmitteln, Juni 2020. Im Internet: https://www.bfr.bund.de/cm/343/aktualisierte-risikobewertung-zu-gehalten-an-1-2-ungesaettigten-pyrrolizidinalkaloiden-pa-in-lebensmitteln.pdf, 22.09.2021

Englert, K., Mayer, J. G., Staiger, C.: Symphytum officinale L. – der Beinwell in der europäischen Pharmazie- und Medizingeschichte. Zeitschrift für Phytotherapie 2005; 26: 158–168.

Gianetti, B. M., Staiger, C., Bulitta, M. et al.: Efficacy and safety of comfrey root extract ointment in the treatment of acute upper or lower back pain. British Journal of Sports Medicine 2010; 44: 637–641. Im Internet: https://bjsm.bmj.com/content/44/9/637, 22.09.2021

Gräfe, K. A.: Studie: Beinwellwurzel wirksamer als Diclofenac. Pharmazeutische Zeitung 2008; 51/52. Im Internet: https://www.pharmazeutische-zeitung.de/ausgabe-51522008/ beinwellwurzel-wirksamer-als-diclofenac/, 22.09.2021

Koll, R., Buhr, M., Dieter, R. et al.: Wirksamkeit und Verträglichkeit von Beinwellwurzelextrakt (Extr. Rad. Symphyti) bei Sprunggelenksdistorsionen. Zeitschrift für Phytotherapie 2000; 21: 127–134

Kruse, L. H., Stegemann, T., Siegert, C. et al.: Identification of a second site of pyrrolizidine alkaloid biosynthesis in Comfrey to boost plant defense in floral stage. Plant Physiology 2017; 174(1): 47–55

Kucera, A., Barna, M., Holcova, S. et al: Tolerability and effectiveness of an antitrauma cream with comfrey herb extract in pediatric use with application on intact and on broken skin. International Journal of Pediatrics and Adolescent Medicine 2018; 5(4): 135–141. Im Internet: https://pubmed.ncbi.nlm.nih.gov/30805549/, https://www.sciencedirect.com/science/article/pii/S2352646718301364#!, 22.09.2021

Länger, R.: Der Eibisch. PhytoTherapie Austria 2007; 1: 13. Im Internet: http://www.phytotherapie.at/PT-AUSTRIA/2007/PT0107.pdf, 22.09.2021

Łuczaj, Ł.: Comfrey and Buttercup Eaters: Wild Vegetables of the Imereti Region in Western Georgia, Caucasus. Economic Botany 2017; 71: 188–193. Im Internet: https://link.springer.com/article/10.1007%2Fs12231-017-9379-x#citeas, 22.09.2021

Matcovschi, C., Calistru, Z., Cojocaru, M. et al.: S. Symphytum officinale (L) gaertn – A prospective hepatoprotective and hepatoregenerative plant. Pharmacological Research 1995, 31 (Supp. 1): 91

Rode, D.: Comfrey Central – A Clearinghouse for *Symphytum* Information, Case Reports of Toxicity with Internal Use of Comfrey. 2004. Im Internet: http://www.comfreycentral.com/research/case_reports.htm, 22.09.2021

Rode, D.: Comfrey toxicity revisited. Trends in Pharmacological Sciences 2002; 23(11): 497–499

Salehi B., Sharopov, F., Boyunegmez Tumer, T. et al.: *Symphytum* species: A comprehensive review on chemical composition, food applications and phytopharmacology. Molecules (Basel, Switzerland) 2019; 24(12): 2272. Im Internet: https://www.ncbi.nlm.nih.gov/pmc/articles/PMC6631335/, 22.09.2021

Schmidt, M.: Beinwellsalbe bei stumpfen Traumen und Muskelschmerzen. Erfahrungsheilkunde 2006; 55: 326–329. Im Internet: https://www.researchgate.net/publication/250877178_Beinwellsalbe_bei_stumpfen_Traumen_und_Muskelschmerzen, 22.09.2021
Schulz, V.: Wirksamkeit einer Beinwell-Salbe im Vergleich mit Placebo bei 220 Patienten mit Osteoarthritis des Kniegelenks. Zeitschrift für Phytotherapie 2008; 28: 125–126
Staiger, C.: Beinwell, eine moderne Arzneipflanze. Zeitschrift für Phytotherapie 2005; 26: 169–173
Štepán, J., Ehrlichova, J., Hladikova, M.: Therapieergebnisse und Anwendungssicherheit von Symphytum-Herba-Extrakt-Creme in der Behandlung von Dekubitus. Zeitschrift für Gerontologie und Geriatrie 2014; 47: 228–235
Stickel, F., Seitz, H. K.: The efficacy and safety of comfrey. Public Health Nutrition 2000; 3(4A): 501–508. Im Internet: https://www.cambridge.org/core/journals/public-health-nutrition/article/efficacy-and-safety-of-comfrey/50C49FEFA056383BD2293CA9184CEE74, 22.09.2021

Internetseiten

http://plantsoftheworldonline.org, 22.09.2021
http://www.blumeninschwaben.de, 22.09.2021
https://www.efsa.europa.eu/de/press/news/efsa-assesses-health-impacts-pyrrolizidine-alkaloids-food, 22.09.2021
https://www.efsa.europa.eu/de/topics/topic/margin-exposure, 22.09.2021
https://www.harraspharma.de, 22.09.2021
https://www.ipni.org (International Plant Names Index), 22.09.2021
https://www.wildbienenwelt.de/Wildbienen-bestimmen/Wildbienen-Finder/article-6515643-190818/andrena-symphyti-.html, 22.09.2021
https://www.wildbienen.info/forschung/beobachtung20210516.php, 22.09.2021

Dank

Dieses Buch wäre nicht entstanden ohne die Unterstützung einiger wichtiger Menschen. Mein herzlicher Dank gilt meiner Freundin und Lehrerin Doris Grappendorf. Ihr und besonders Ursula Kilthau danke ich für intensives, kritisches und stets motivierendes Gegenlesen meiner Texte, außerdem Roswitha Klein und Ulrike Tuzar für wertvolle Tipps und Anregungen. Ich danke meinem Mann Ralf Hohlung für seine vielfältige Hilfe, seinen Rückhalt und seine Ermutigung auch in den Schreibkrisen. Cordula Thurm danke ich für ihre Übersetzungshilfe bei einigen englischsprachigen Studien, Claudia Scherer und Christine Pommerer für ihre fachliche Rückmeldung und für hilfreiche Tipps.

Stefanie Teichert möchte ich sehr für ihr Lektorat danken, genauso dem Team des AT Verlags für die gute Zusammenarbeit. Ein großes Dankeschön geht an meine Beinwell-Arbeitsgruppe, die mich mit ihren Ideen, Anregungen und ihrer Begeisterung durch das Jahr getragen hat: Heike Blanck, Barbara Dannhof, Nicole Giegerich-Ritthaler, Claudia Greifzu, Alexandra Jestädt, Ursula Kilthau, Ulla Kutzner, Johanna Pfeiffer, Claudia Plohmann, Barbara Sickenberger-Müller, Gabi Schleifer, Katja Vietze und Annette Wallisch – ihr wart großartig!

Mein Dank geht außerdem an alle, die Bilder zum Buch beigesteuert haben, ganz besonders an Nicole Giegerich-Ritthaler für das wunderschöne Coverbild und an Lasse Christiansen für seine Makro-Aufnahmen vom Innenleben der Blüten. Dem Botanischen Garten der Stadt Frankfurt am Main danke ich für die Erlaubnis, dort verschiedene Beinwellarten für das Buch fotografieren zu dürfen.

Danke auch an alle, die ich während der Schreibphase anrufen und mit denen ich Fragen zu ihrem jeweiligen Fachgebiet erörtern durfte – das war eine große Hilfe! Nicht zuletzt danke ich meinen Lehrerinnen und Lehrern, die mich auf meinem Weg begleitet haben, und dem Beinwell, der sich mir noch einmal ganz neu und anders offenbart hat.

Die Autorin

Regine Ebert ist Germanistin, Journalistin und Phytotherapeutin. Seit vielen Jahren ist sie Seminarleiterin zu Themen rund um Wildkräuter- und Heilpflanzen sowie zum Räuchern mit heimischen Kräutern, hält Vorträge und schreibt Artikel zu Kräuter- und Naturthemen. 2016 hat sie die »Kräuterschule Taunus« gegründet, wo sie eine Wildkräuter- und Heilpflanzenausbildung sowie die »9-Jahresausbildung zur Kräuterfrau/zum Kräuterkundigen« anbietet. Schon lange befasst sie sich intensiv mit einheimischen Heilpflanzen und deren Geschichte. Ihr Ansatz ist es, das alte Pflanzenwissen mit neuen Erkenntnissen zu verbinden.

www.regine-ebert.de

Stichwortverzeichnis

C

L

M

N

O

P